工程应用型院校计算机系列教材

安徽省高等学校"十三五"省级规划教材

胡学钢◎总主编

王　浩◎主　审

U0241160

计算机网络实验教程

JISUANJI WANGLUO SHIYAN JIAOCHENG

主　编　陈振伟　周先存　符茂胜

副主编　于春燕　王国进　宋万干　孟　莉

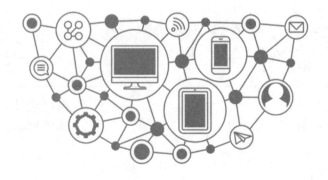

北京师范大学出版集团
BEIJING NORMAL UNIVERSITY PUBLISHING GROUP
安徽大学出版社

图书在版编目(CIP)数据

计算机网络实验教程/陈振伟,周先存,符茂胜主编.—合肥:安徽大学出版社,
2019.6(2024.7 重印)
工程应用型院校计算机系列教材/胡学钢总主编
ISBN 978-7-5664-1820-3

Ⅰ.①计… Ⅱ.①陈… ②周… ③符… Ⅲ.①计算机网络—实验—高等学校—
教材 Ⅳ.①TP393-33

中国版本图书馆 CIP 数据核字(2019)第 072390 号

计算机网络实验教程

胡学钢 总主编
陈振伟 周先存 符茂胜 主 编

出版发行:北京师范大学出版集团
安 徽 大 学 出 版 社
(安徽省合肥市肥西路 3 号 邮编 230039)
www.bnupg.com
www.ahupress.com.cn
印　刷:合肥远东印务有限责任公司
经　销:全国新华书店
开　本:787 mm×1092 mm　1/16
印　张:10.5
字　数:194 千字
版　次:2019 年 6 月第 1 版
印　次:2024 年 7 月第 3 次印刷
定　价:31.50 元
ISBN 978-7-5664-1820-3

策划编辑:刘中飞　宋　夏　　　　　装帧设计:李　军
责任编辑:张明举　宋　夏　　　　　美术编辑:李　军
责任印制:赵明炎

编写说明

计算机科学与技术的迅速发展，促进了许多相关学科领域及应用分支的发展，同时也带动了各种技术和方法、系统与环境、产品以及思维方式等的发展，由此进一步激发了对各种不同类型人才的需求。按照教育部计算机科学与技术专业教学指导委员会的研究报告来分，可将学校培养的人才类型分为科学型、工程型和应用型三类，其中科学型人才重在基础理论、技术和方法等的创新；工程型人才以开发实现预定功能要求的系统为主要目标；应用型人才以系统集成为主要途径实现特定功能的需求。

虽然这些不同类型人才的培养在知识体系、能力构成与素质要求等方面有许多共同之处，但是由于不同类型人才的潜在就业岗位所需要的责任意识、专业知识能力与素质、人文素养、治学态度、国际化程度等方面存在一定的差异，因而在培养目标、培养模式等方面也存在不同。对于大多数高校来说，很难兼顾各类人才的培养。因此，合理定位培养目标是确保人才培养质量的关键。

由于当前社会领域从事工程开发和应用的岗位数量远远超过从事科学研究的岗位数量，结合当前绝大多数高校的办学现状，2012年，安徽省高等学校计算机教育研究会在和多所高校专业负责人及来自企业的专家反复研究和论证的基础上，确定了以培养工程应用型人才为主的安徽省高等学校计算机类专业的培养目标，并组织研讨组共同探索相关问题，共同建设相关教学资源，共享研究和建设成果，为全面提高安徽省高等学校计算机教育教学水平做出积极的贡献。北京师范大学出版集团安徽大学出版社积极支持安徽省高等学校计算机教育研究会的工作，成立了编委会，组织策划并出版了全套工程应用型计算机系列教材。由于定位合理，本系列教材被评为安徽省高等学校"十二五"省级规划教材，并且其修订版于2018年4月被评为安徽省高等学校"十三五"省级规划教材。

为了做好教材的出版工作，编委会在许多方面都采取了积极的措施：

教材建设与时俱进：近年来，计算机专业领域发生了一些新的变化，例如，新工科工程教育专业认证、大数据、云计算等。这些变化意味着高等教育教材建设需要进行改革。编委会希望能将上述最新变化融入新版教材的建设中去，以体现其时代性。

编委会组成的多元化：编委会不仅有来自高校教育领域的资深教师和专家，还有从事工程开发、应用技术的资深专家，从而为教材内容的重组提供了更有力的支持。

教学资源建设的针对性：教材及教学资源建设的目标是突出体现"学以致用"的原则，减少"学不好，用不上"的空泛内容，增加应用案例，尤其是增设涵盖更多知识点和提高学生应用能力的系统性、综合性的案例；同时，对于部分教材，将MOOC建设作为重要内容。双管齐下，激发学生的学习兴趣，进而培养其系统解决问题的能力。

建设过程的规范性：编委会对整体的框架建设、每种教材和资源的建设都采取汇报、交流和研讨的方式，以听取多方意见和建议；每种教材的编写组也都进行反复的讨论和修订，努力提高教材和教学资源的质量。

如果我们的工作能对安徽省高等学校计算机类专业人才的培养做出贡献，那将是我们的荣幸。真诚欢迎有共同志向的高校、企业专家提出宝贵的意见和建议，更期待你们参与我们的工作。

胡学钢

2018 年 8 月 14 日于合肥

编委会名单

前　言

网络技术是信息技术的支撑。计算机网络课程是信息类专业学生学习网络技术的重要课程。信息技术高速发展,网络技术的作用日益突出,对计算机网络课程的教学提出了新的、更高的要求,要求高等学校培养一大批既熟悉计算机网络原理知识,又掌握计算机网络应用技术的专业人才。这使得计算机网络被纳入高等学校信息类专业的培养目标,成为信息类专业学生必须掌握的知识技能之一。

计算机网络是一门实践性很强的课程,要求教师在教学工作中尽可能结合实际网络,使学生掌握网络主要设备的配置和使用方法,培养学生的网络配置和应用能力。

本书是计算机网络课程的配套实验教材,针对网络应用,为培养和提高学生实际操作技能而设计相关实验,包括双绞线的制作、网络常用命令、局域网的配置、VLAN 的划分、交换机的相关配置、路由器的相关配置、服务器的配置、网络协议分析等 24 个实验,基本覆盖了计算机网络原理、测试、构建,网络设备的配置,网络协议的分析和网络的管理等相关知识,既有验证性和应用性实验,也有设计性和综合性实验。教师在教学过程中,可以结合本校教学实际,选取全部或部分实验项目进行教学。

本书配有 MOOC 视频资源,详情请登录 http://www.ahmooc.cn/course/219♯/course-summary-wrapper。

本书是编者多年教学经验的总结。参加本书编写的有皖西学院的符茂胜、周先存、陈振伟和滁州学院的于春燕、黄山学院的王国进、淮北师范大学的宋万干、亳州学院的孟莉等。皖西学院电子与信息工程学院李瑞霞对本书的选材和结构提出了很多宝贵的意见。

由于编者能力和水平有限,书中难免有错误和不当之处。如果读者在使用过程中发现本书的实验设置或内容有不妥之处,请电邮 01023065@163.com。我们将对您表示诚挚地感谢!

编　者
2019 年 1 月

目　录

实验 1　双绞线的制作 ·· 1

　　1.1　实验目的 ·· 1

　　1.2　双绞线介绍 ·· 1

　　1.3　双绞线的制作过程 ······································ 2

　　1.4　实验思考 ·· 7

实验 2　网络常用命令 ·· 8

　　2.1　实验目的 ·· 8

　　2.2　实验内容 ·· 8

　　2.3　实验思考 ··· 17

实验 3　交换机的基本配置 ······································· 18

　　3.1　实验目的 ··· 18

　　3.2　思科实验环境介绍 ······································ 18

　　3.3　实验内容 ··· 22

　　3.4　实验思考 ··· 25

实验 4　局域网的配置 ··· 26

　　4.1　实验目的 ··· 26

　　4.2　实验内容 ··· 26

　　4.3　实验思考 ··· 28

实验 5　VLAN 的划分 ·· 29

　　5.1　实验目的 ··· 29

　　5.2　实验内容 ··· 29

　　5.3　实验思考 ··· 34

实验 6　交换机的管理配置 ······································· 35

　　6.1　实验目的 ··· 35

6.2　实验内容 ……………………………………………………… 35

6.3　实验思考 ……………………………………………………… 38

实验 7　三层交换机实现 VLAN 间通信 …………………………… 39

7.1　实验目的 ……………………………………………………… 39

7.2　实验内容 ……………………………………………………… 39

7.3　实验思考 ……………………………………………………… 41

实验 8　路由器实现 VLAN 间通信 ………………………………… 42

8.1　实验目的 ……………………………………………………… 42

8.2　实验内容 ……………………………………………………… 42

8.3　实验思考 ……………………………………………………… 45

实验 9　静态路由的配置 …………………………………………… 46

9.1　实验目的 ……………………………………………………… 46

9.2　实验内容 ……………………………………………………… 46

9.3　实验思考 ……………………………………………………… 48

实验 10　动态路由协议 RIP 的配置 ……………………………… 49

10.1　实验目的 ……………………………………………………… 49

10.2　实验内容 ……………………………………………………… 49

10.3　实验思考 ……………………………………………………… 52

实验 11　动态路由协议 OSPF 的配置 …………………………… 53

11.1　实验目的 ……………………………………………………… 53

11.2　实验内容 ……………………………………………………… 53

11.3　实验思考 ……………………………………………………… 56

实验 12　PPP 协议的配置 ………………………………………… 57

12.1　实验目的 ……………………………………………………… 57

12.2　实验内容 ……………………………………………………… 57

12.3　实验思考 ……………………………………………………… 60

实验 13　利用帧中继创建虚电路 ………………………………… 61

13.1　实验目的 ……………………………………………………… 61

13.2 实验内容 ………………………………………………… 61

13.3 实验思考 ………………………………………………… 67

实验 14 子网划分实验 ……………………………………… 68

14.1 实验目的 ………………………………………………… 68

14.2 实验内容 ………………………………………………… 68

14.3 实验思考 ………………………………………………… 72

实验 15 网络安全策略的配置——标准 ACL …………… 73

15.1 实验目的 ………………………………………………… 73

15.2 实验内容 ………………………………………………… 73

15.3 实验思考 ………………………………………………… 76

实验 16 网络安全策略的配置——扩展 ACL …………… 77

16.1 实验目的 ………………………………………………… 77

16.2 实验内容 ………………………………………………… 77

16.3 实验思考 ………………………………………………… 80

实验 17 NAT 实验 ……………………………………………… 81

17.1 实验目的 ………………………………………………… 81

17.2 实验内容 ………………………………………………… 81

17.3 实验思考 ………………………………………………… 88

实验 18 无线路由的配置 …………………………………… 89

18.1 实验目的 ………………………………………………… 89

18.2 实验内容 ………………………………………………… 89

18.3 实验思考 ………………………………………………… 96

实验 19 中小型网络设计实验 ……………………………… 97

19.1 实验目的 ………………………………………………… 97

19.2 实验内容 ………………………………………………… 97

19.3 实验思考 ………………………………………………… 103

实验 20 IPv6 实验 ……………………………………………… 104

20.1 实验目的 ………………………………………………… 104

20.2　实验内容 ……………………………………………………… 104

20.3　实验思考 ……………………………………………………… 108

实验 21　虚拟机的安装与设置 …………………………………… 109

21.1　实验目的 ……………………………………………………… 109

21.2　实验内容 ……………………………………………………… 109

21.3　实验思考 ……………………………………………………… 123

实验 22　网络服务的配置(WWW、FTP、DNS) ………………… 124

22.1　实验目的 ……………………………………………………… 124

22.2　实验内容 ……………………………………………………… 124

22.3　实验思考 ……………………………………………………… 144

实验 23　DHCP 实验 ……………………………………………… 145

23.1　实验目的 ……………………………………………………… 145

23.2　实验内容 ……………………………………………………… 145

23.3　实验思考 ……………………………………………………… 149

实验 24　TCP 协议分析 …………………………………………… 150

24.1　实验目的 ……………………………………………………… 150

24.2　实验内容 ……………………………………………………… 150

24.3　实验思考 ……………………………………………………… 154

参考文献 …………………………………………………………… 155

实验 1　双绞线的制作

1.1　实验目的

(1)了解双绞线的结构。
(2)掌握双绞线的两种线序。
(3)掌握双绞线的制作方法。
(4)掌握测线仪的使用方法。

1.2　双绞线介绍

双绞线是局域网中最基本的传输介质。由不同颜色的4对8芯组成,每两条芯线按一定规则缠绕在一起,成为一个线对,两端由RJ-45接头连接的数据传输线称为双绞线。其组成构件如图1-1所示。

图 1-1　双绞线组成构件

EIA/TIA的布线标准中规定了两种双绞线的线序,分别是标准T568A与标准T568B,如图1-2所示。两种双绞线线序的比较如表1-1所示。

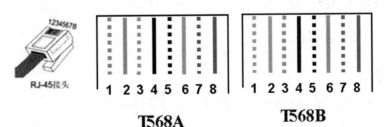

图 1-2　双绞线线序示意图

表 1-1　两种双绞线的线序比较

双绞线线序	1	2	3	4	5	6	7	8
标准 T568A	白绿	绿	白橙	蓝	白蓝	橙	白棕	棕
标准 T568B	白橙	橙	白绿	蓝	白蓝	绿	白棕	棕

　　与两种线序标准相对应,可制作出两种类型的双绞线:直通线和交叉线。两端线序相同的双绞线叫直通线,主要用于异种网络设备的连接,如图 1-3 所示;两端不同线序的双绞线叫交叉线,主要用于同种网络设备的连接,如图 1-4 所示。

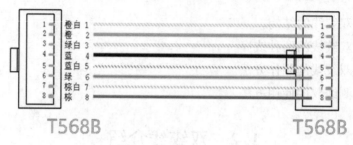

图 1-3　直通线线序示意图

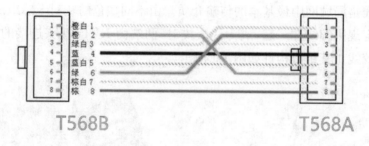

图 1-4　交叉线线序示意图

1.3　双绞线的制作过程

1.3.1　实验任务

本实验任务为制作双绞线。

1.3.2　实验步骤

1. 准备

准备好 5 类线、RJ-45 接头和一把专用的压线钳。

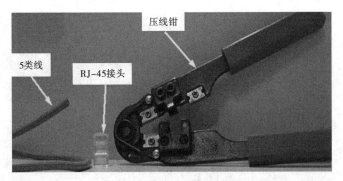

图 1-5　材料和工具的准备

2. 剥线

用压线钳的剥线刀口将 5 类线的外保护套管划开（小心不要将里面的双绞线的绝缘层划破），刀口距 5 类线的端头至少 2cm。然后将划开的外保护套管剥去（旋转、向外抽），露出 5 类线电缆中的 4 对双绞线。如图 1-6～1-8 所示。

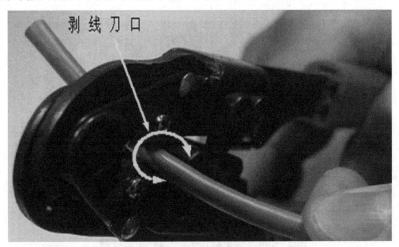

图 1-6　剥线示意图(1)

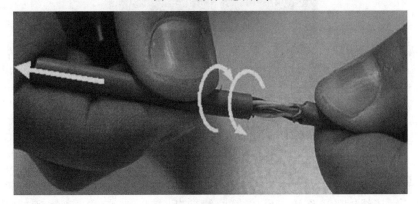

图 1-7　剥线示意图(2)

图 1-8　剥线示意图(3)

3. 理线

按照 EIA/TIA-568B 标准和导线颜色将导线按规定的序号排好。将 8 根导线平坦整齐地平行排列,导线间不留空隙。

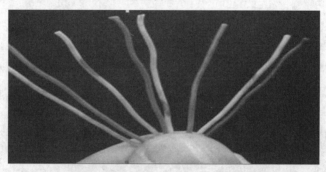

图 1-9　理线示意图(1)

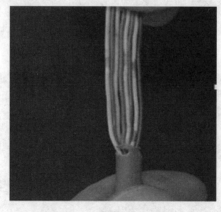

图 1-10　理线示意图(2)

4. 剪齐

准备用压线钳的剪线刀口将 8 根导线剪断,剪断双绞线。请注意:一定要剪得很整齐。剥开的导线长度不可太短,可以先留长一些。不要剥开每根导线的绝缘外层。

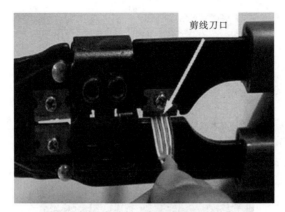

图 1-11 剪齐示意图(1)

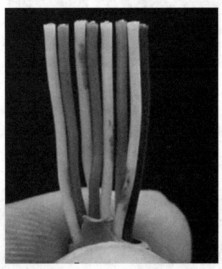

图 1-12 剪齐示意图(2)

5. 插线

将剪断的双绞线放入 RJ-45 接头试试长短(要插到底),双绞线的外保护层应能够在 RJ-45 接头内的凹陷处被压实。剥开的导线长度要合适,一般为 1.5 cm~2 cm,反复进行调整。在确认一切都正确后(特别要注意不要将导线的顺序排列错了),将 RJ-45 接头放入压线钳的压头槽内,准备最后的压实。

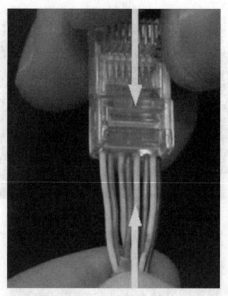

图 1-13　插线示意图

6. 压线

双手紧握压线钳的手柄,用力压紧,受力之后听到轻微的"啪"声即可。请注意,在这一步骤完成后,接头的 8 个针脚接触点应穿过导线的绝缘外层,分别和 8 根导线紧紧地压接在一起。

图 1-14　压线示意图(1)

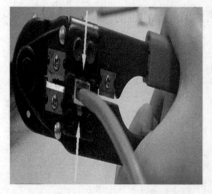
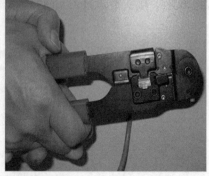

图 1-15　压线示意图(2)

7. 双绞线的测试

测线仪的信号发送端(大)和信号接收端(小)各有 8 个指示灯。

(1)直通线的测试。

①将直通双绞线的两个接头分别插入测线仪。

②打开测线仪电源。观察指示灯状态。加电后,如果测线仪的两端指示灯从 1 到 8 依次同步地亮,说明直通双绞线连接正确。如果有指示灯不亮,则说明有导线未与 RJ-45 接头连通。如果某个指示灯闪烁不停,则说明对应的线序有误。

图 1-16 双绞线测试示意图

(2)交叉线的测试。

①将交叉双绞线的两个接头分别插入测线仪。

②打开测线仪电源。观察指示灯状态。加电后,如果测线仪的信号发送端 (大)指示灯从 1 到 8 依次地亮,并且信号接收端(小)的 3、6、1、4、5、2、7、8 依次同步亮,则说明交叉双绞线连接正确。如果有指示灯不亮,则说明有导线未与 RJ-45 接头连通。如果某个指示灯闪烁不停,则说明对应的线序有误。

1.4 实验思考

(1)两种双绞线分别应用于什么设备之间的连接?

(2)两种双绞线线序有什么规律?

实验 2　网络常用命令

2.1　实验目的

(1)理解 ping、tracert、netstat、ipconfig、arp、nslookup 命令的基本工作原理。

(2)掌握这 6 个命令的使用方法和应用场景。

2.2　实验内容

本实验练习网络常用 dos 命令的操作,具体包括 ping、tracert、netstat、ipconfig、arp、nslookup 等 6 个命令。以 Windows10 操作系统为例,使用组合键"Windows+R",在弹出的"运行"对话框中输入"cmd"并按回车键,或者点击"确定"按钮,弹出"命令提示符"对话框。在这里可以输入 dos 命令进行操作。

2.2.1　网络连通性测试 ping 命令

ping(Packet Internet Groper,因特网包探索器)是一种最常用的网络测试命令,在 Windows、Unix 和 Linux 系统下通用,是 TCP/IP 协议的一部分,利用 ICMP 协议的回应请求/应答报文来测试目的主机的可到达性或连通性。工作原理如下:

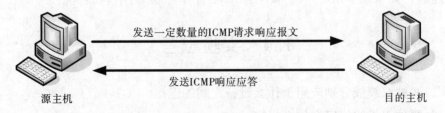

图 2-1　ping 命令工作原理

若在一定时间内源主机未收到来自目的主机的响应,则 ping 认为目的主机不可达,返回请求超时信息。

如果让 ping 一次发送一定数量的请求,然后检查收到的应答的数量,则可以统计出端到端的丢包率,而丢包率是检验网络质量的重要参数。

ping 命令基本格式:ping 目的主机的域名或 IP 地址 [-命令参数]。

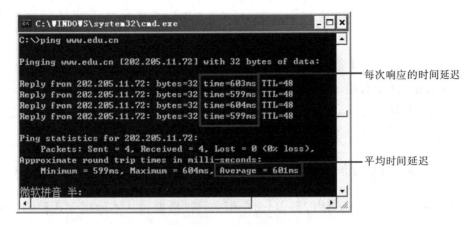

每次响应的时间延迟

平均时间延迟

图 2-2　ping 命令分析 1

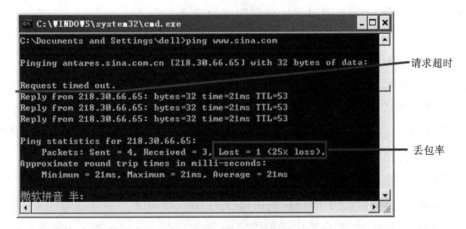

请求超时

丢包率

图 2-3　ping 命令分析 2

频繁的丢包和较大的时延意味着网络线路不够稳定。

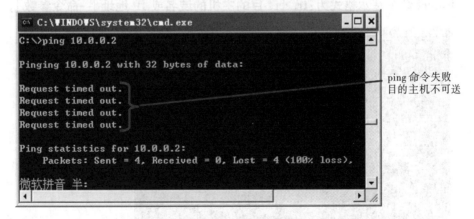

ping 命令失败
目的主机不可送

图 2-4　ping 命令分析 3

ping 命令的主要参数有[-t　-n count　-w timeout　-l size]。

-t 参数表示不断地向目的主机发送 ICMP 回应请求报文,直到用户按"Ctrl＋Break"或"Ctrl＋C"中断。用"Ctrl＋Break"中断,显示统计信息后将继续向目的主机发送 ICMP 回应请求报文。用"Ctrl＋C"中断则在显示统计信息后退出 ping 程序。

  -n count 参数用于指定要发送的回应请求报文数目,默认为 4。

  -w timeout 参数用于指定超时间隔,单位为毫秒,默认为 1 000 毫秒。

  -l size 参数表示由 size 指定要发送的回应请求报文的长度,默认长度为 32 字节,最大值是 65,527 字节。

2.2.2   路由跟踪命令 tracert

  tracert(trace router,跟踪路由)命令用来测试数据包从本地机到达目的主机所经过的路径,并显示到达每个节点的时间,实现网络路由状态的实时探测。使用路由跟踪命令 tracert 可以帮助确定网络故障点。

  tracert 可以检测端到端是否连通。如果 tracert 失败,还可根据输出显示来帮助确定是哪个中间路由器转发失败或耗时太多(这时对应的显示行出现" * "标志)。

  tracert 还可以帮助发现路由循环问题。用 tracert 跟踪目的主机时,若发现到某一路由器后,其下一个路由器正是上一个路由器,结果在两个路由器中间来回交替出现。这往往是由于路由器的路由配置不当,当前路由器指向了前一个路由器而产生路由循环。

  不同操作系统中的跟踪路由命令格式不同:

Windows 操作系统中的跟踪路由命令为 tracert 命令。

Linux 或 Unix 操作系统中的跟踪路由命令为 traceroute 命令。

Cisco 路由器的跟踪路由命令为 trace 命令。

tracert 命令基本格式为:tracert 目的主机的域名或 IP 地址 [-命令参数]。

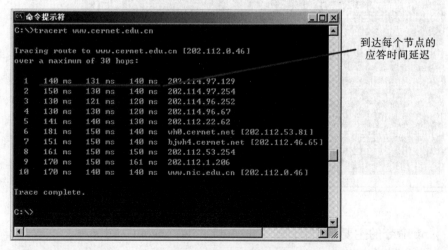

图 2-5   tracert 命令分析

与 ping 命令相比,tracert 命令执行时等待时间更长,所获得的信息也更加详细。

2.2.3　协议统计命令 netstat

netstat,意为网络信息统计,该命令用于显示协议统计信息和当前的 TCP/IP 网络连接信息,有助于用户了解网络的整体使用情况。使用该命令可以显示当前活动的网络连接信息、相应的主机端口号和本机路由表的内容。用户还可以使用该命令选择并查看特定协议的具体信息。

netstat 命令基本格式为:netstat [-命令参数]。

命令中主要的命令参数有[-r　-a　-n　-p proto　-s]。

使用-r 参数显示本机路由表的内容,结果如图 2-6 所示。

图 2-6　netstat 参数-r 执行

使用-a 参数可以以"主机名:端口"形式显示所有连接和监听端口。

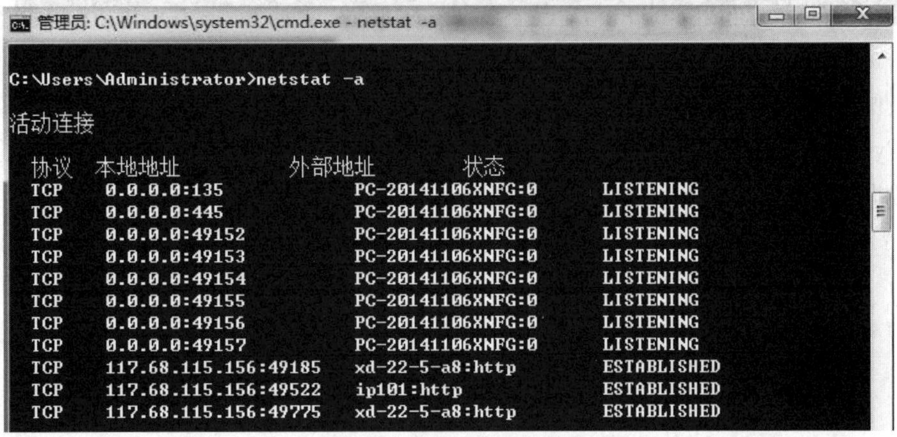

图 2-7　netstat 参数-a 执行

使用-n 参数可以以"IP 地址∶端口"形式显示所有连接状态。

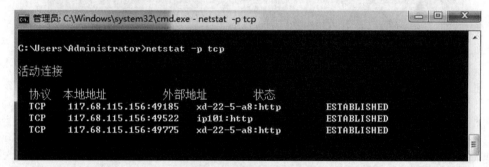

```
管理员: C:\Windows\system32\cmd.exe

Microsoft Windows [版本 6.1.7601]
版权所有 (c) 2009 Microsoft Corporation。保留所有权利。

C:\Users\Administrator>netstat -n

活动连接

  协议  本地地址              外部地址              状态
  TCP   117.68.115.156:49185   202.108.22.5:80        ESTABLISHED
  TCP   117.68.115.156:49522   101.199.97.100:80      ESTABLISHED
  TCP   117.68.115.156:49775   202.108.22.5:80        ESTABLISHED
  TCP   117.68.115.156:50720   101.227.20.97:80       CLOSE_WAIT
  TCP   117.68.115.156:50721   101.227.20.97:80       CLOSE_WAIT
  TCP   117.68.115.156:50785   115.239.211.17:80      CLOSE_WAIT
  TCP   117.68.115.156:50786   115.239.211.17:80      CLOSE_WAIT
  TCP   117.68.115.156:50787   211.151.155.249:80     CLOSE_WAIT
  TCP   117.68.115.156:50788   211.151.155.249:80     CLOSE_WAIT
  TCP   117.68.115.156:50803   211.151.155.249:80     CLOSE_WAIT
  TCP   117.68.115.156:50804   211.151.155.249:80     CLOSE_WAIT
  TCP   117.68.115.156:50805   211.151.155.249:80     CLOSE_WAIT
  TCP   117.68.115.156:50806   211.151.155.249:80     CLOSE_WAIT
  TCP   117.68.115.156:50807   211.151.155.249:80     CLOSE_WAIT
  TCP   117.68.115.156:50808   211.151.155.249:80     CLOSE_WAIT
  TCP   117.68.115.156:50809   211.151.155.249:80     CLOSE_WAIT
  TCP   117.68.115.156:50810   211.151.155.249:80     CLOSE_WAIT
```

图 2-8   netstat 参数-n 执行

使用-p proto 显示 proto 指定的协议的连接。proto 可以是下列协议之一∶TCP、UDP、TCPv6 或 UDPv6。

```
管理员: C:\Windows\system32\cmd.exe - netstat  -p tcp

C:\Users\Administrator>netstat -p tcp

活动连接

  协议  本地地址              外部地址              状态
  TCP   117.68.115.156:49185   xd-22-5-a8:http        ESTABLISHED
  TCP   117.68.115.156:49522   ip101:http             ESTABLISHED
  TCP   117.68.115.156:49775   xd-22-5-a8:http        ESTABLISHED
```

图 2-9   netstat 参数-p 执行

使用-s 表示按协议显示统计数据。默认显示 IP、IPv6、ICMP、ICMPv6、TCP、TCPv6、UDP 和 UDPv6 协议的全部统计信息。加-p 选项用于显示指定协议的统计数据。

图 2-10　netstat 参数-s 执行

2.2.4　查看 IP 配置命令 ipconfig

ipconfig 命令可以显示本机 IP 地址的相关信息。

ipconfig 命令基本格式为：ipconfig [参数]。

ipconfig 不加参数时显示本机 IP 配置的基本信息。

图 2-11　ipconfig 执行结果

该命令参数主要有[/all　/renew　/release]。

/**all** 参数用于可以查看 IP 配置的详细信息。

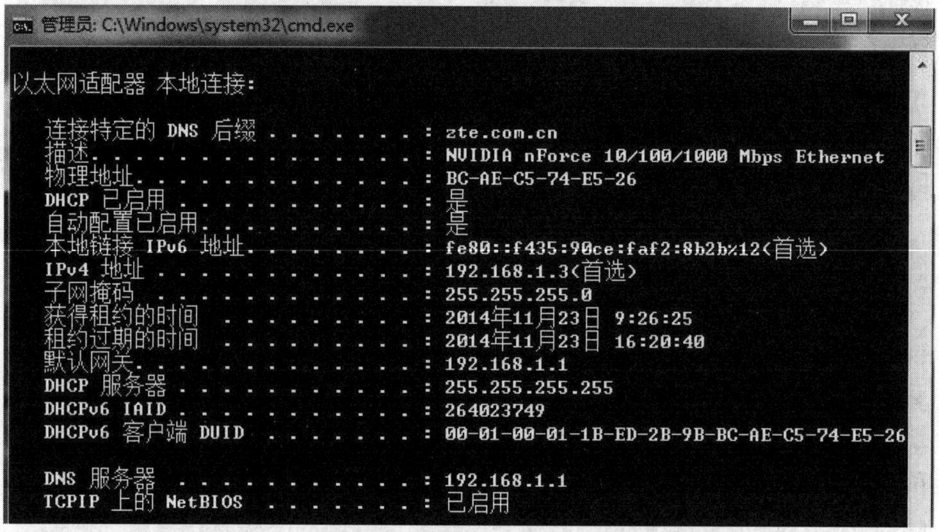

图 2-12　ipconfig /all 执行结果

/**renew** 参数用于重新获取 IP 配置信息。该参数适用于当前的 IP 配置信息是通过 DHCP 服务器获取的情况。

/**release** 参数用于释放当前的 IP 配置信息。该参数适用于当前的 IP 配置信息是通过 DHCP 服务器获取的情况。

2.2.5　arp 命令

arp(address resolution protocol,地址解析协议)命令显示和修改"地址解析协议(arp)"缓存中的项目。arp 缓存中包括一个或多个表,它(或它们)用于存储 IP 地址及经过解析的以太网物理地址。计算机上安装的每一个以太网适配器(网卡)都有自己单独的表。在没有参数时,arp 命令将显示帮助信息。

arp 命令格式:

arp - a [inet_address] [-N if_address]

arp - d inet_address [if_address]

arp - s inet_address eth_address [if_address]

arp 命令参数含义如表 2-1 所示。

表 2-1　arp 命令参数

参数	含义
- a	显示当前的 arp 信息,可以指定网络地址,但不指定显示所有的表项
- d	删除由 inet_address 指定的主机,可以使用 * 来删除所有主机
- s	添加主机,并将网络地址与物理地址相对应,这一项是永久生效的
inet_address	代表指定的 IP 地址
eth_address	指定网卡物理地址
if_address	网卡的 IP 地址

IP 地址 inet_address 和 if_address 采用点分十进制表示，物理地址由 6 个字节组成，每个字节用 2 个十六进制数表示，字节之间用连接符“-”分开，如 01-AB-06-5E-2A-8F。

用参数-s 添加的 arp 表项是静态的，不会由于超时而被删除。

如果要显示指定接口的 arp 缓存表，可以使用参数-N if_address。这里 N 必须大写。

如果要显示 arp 缓存表的内容，可以输入 arp - a，结果如图 2-13 所示。

```
C:\Users\Administrator>arp -a

接口: 211.70.164.175 --- 0xc
  Internet 地址         物理地址              类型
  211.70.164.6          44-37-e6-d7-1e-15     动态
  211.70.164.20         70-5a-0f-34-69-08     动态
  211.70.164.22         50-7b-9d-e9-37-0c     动态
  211.70.164.31         70-5a-0f-37-dc-60     动态
  211.70.164.42         50-7b-9d-e9-36-e7     动态
  211.70.164.43         c4-34-6b-52-80-8e     动态
  211.70.164.45         fc-4d-d4-da-21-d5     动态
  211.70.164.86         18-60-24-8a-70-3e     动态
  211.70.164.99         70-5a-0f-34-68-15     动态
  211.70.164.122        c4-34-6b-51-03-4f     动态
  211.70.164.147        ec-a8-6b-2b-af-de     动态
  211.70.164.154        00-26-22-8b-f7-52     动态
  211.70.164.162        44-37-e6-15-d7-91     动态
  211.70.164.254        14-14-4b-72-7f-43     动态
  211.70.164.255        ff-ff-ff-ff-ff-ff     静态
  224.0.0.2             01-00-5e-00-00-02     静态
  224.0.0.22            01-00-5e-00-00-16     静态
  224.0.0.251           01-00-5e-00-00-fb     静态
  224.0.0.252           01-00-5e-00-00-fc     静态
  239.255.255.250       01-00-5e-7f-ff-fa     静态
  255.255.255.255       ff-ff-ff-ff-ff-ff     静态
```

图 2-13 arp -a 执行结果

如果要显示 IP 地址为 211. 70. 164. 175 接口的 ARP 缓存表，可以输入 arp - a - N 211. 70. 164. 175，结果如图 2-14 所示。

```
管理员: C:\Windows\system32\cmd.exe

C:\Users\Administrator>arp -a -N 211.70.164.175

接口: 211.70.164.175 --- 0xc
  Internet 地址         物理地址              类型
  211.70.164.21         74-27-ea-f0-88-91     动态
  211.70.164.23         d4-3d-7e-3b-e8-f8     动态
  211.70.164.41         74-27-ea-fb-19-ac     动态
  211.70.164.57         c4-34-6b-52-80-dc     动态
  211.70.164.89         c0-3f-d5-b8-56-ce     动态
  211.70.164.140        18-60-24-83-68-33     动态
  211.70.164.255        ff-ff-ff-ff-ff-ff     静态
  224.0.0.2             01-00-5e-00-00-02     静态
  224.0.0.22            01-00-5e-00-00-16     静态
  224.0.0.252           01-00-5e-00-00-fc     静态
  239.255.255.250       01-00-5e-7f-ff-fa     静态
  255.255.255.255       ff-ff-ff-ff-ff-ff     静态
```

图 2-14 arp - a - N 执行结果

如果要添加一个静态表项，如把 IP 地址 10. 10. 10. 10 解析为物理地址 AA-BB-CC-DD-EE-FF，则可以输入 arp - s 10. 10. 10. 10 AA-BB-CC-DD-EE-FF，结果如图 2-15 所示。

图 2-15　arp－s 执行结果

如果要删除一个静态表项,如输入 arp － d 10.10.10.10,可得图 2-16 所示结果。

图 2-16　arp－d 执行结果

2.2.6　nslookup 命令

nslookup(name server lookup,域名查询)命令的功能是查询一台机器的 IP

地址和其对应的域名,通常它能监测网络中 DNS 服务器是否能正确实现域名解析,其运行需要一台域名服务器来提供域名服务。如果用户已经设置好域名服务器,就可以用这个命令查看不同主机的 IP 地址对应的域名。

nslookup 命令基本格式为:nslookup［IP 地址/域名］。

例如,在本地机上使用 nslookup 命令来查询 www.baidu.com,执行后结果如图 2-17 所示。

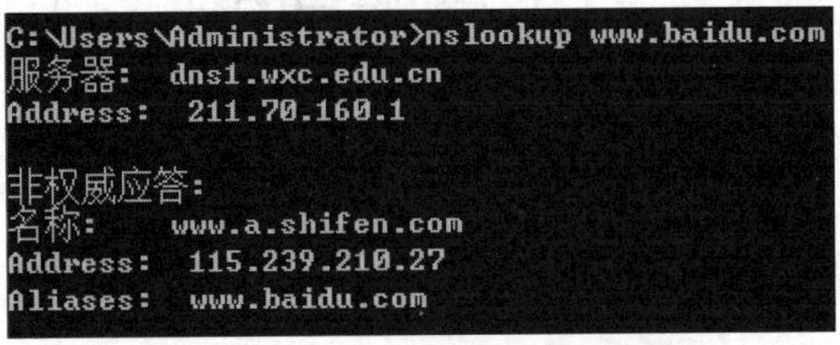

图 2-17　nslookup 正常模式执行结果

图 2-17 中出现"非权威应答:"此提示表明该域名的注册主 DNS 不是提交查询的 DNS 服务器。

也可以通过先进入 nslookup 模式,再输入要查找的［域名/IP］实现,如图 2-18 所示。

图 2-18　nslookup 模式执行结果

如果要退出该命令,输入 exit 并回车即可。

2.3　实验思考

(1)使用 ping 命令 ping 一个 IP 地址,结果超时,如何判断问题所在?

(2)如何获取一个域名所对应的 IP 地址?

(3)arp 协议的工作原理是什么?

(4)使用 nslookup 命令可以解决什么问题?

实验 3　交换机的基本配置

3.1　实验目的

(1)理解交换机配置的基本模式。
(2)熟练掌握交换机各种模式的进入命令及切换方式。
(3)掌握交换机的配置方法。

3.2　思科实验环境介绍

Cisco Packet Tracer 是由 Cisco(思科)公司发布的一个辅助学习工具,为学习网络相关课程的爱好者设计、配置、排除网络故障提供网络模拟环境。用户可以在软件的图形用户界面上直接使用拖拽方法建立网络拓扑,并可提供数据包在网络中行进的详细处理过程,观察网络实时运行情况,还可以学习 IOS 的配置、锻炼故障排查能力。下面简单介绍思科平台界面及常用功能。

(1)认识 Cisco Packet Tracer 平台,如图 3-1 所示。

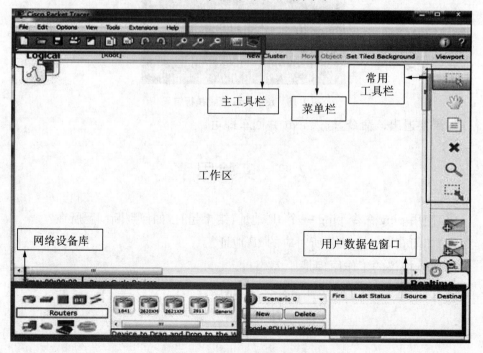

图 3-1　Cisco Packet Tracer 平台

(2)通过鼠标拖动的方式,可以把需要的设备添加到工作区,如图 3-2 所示。

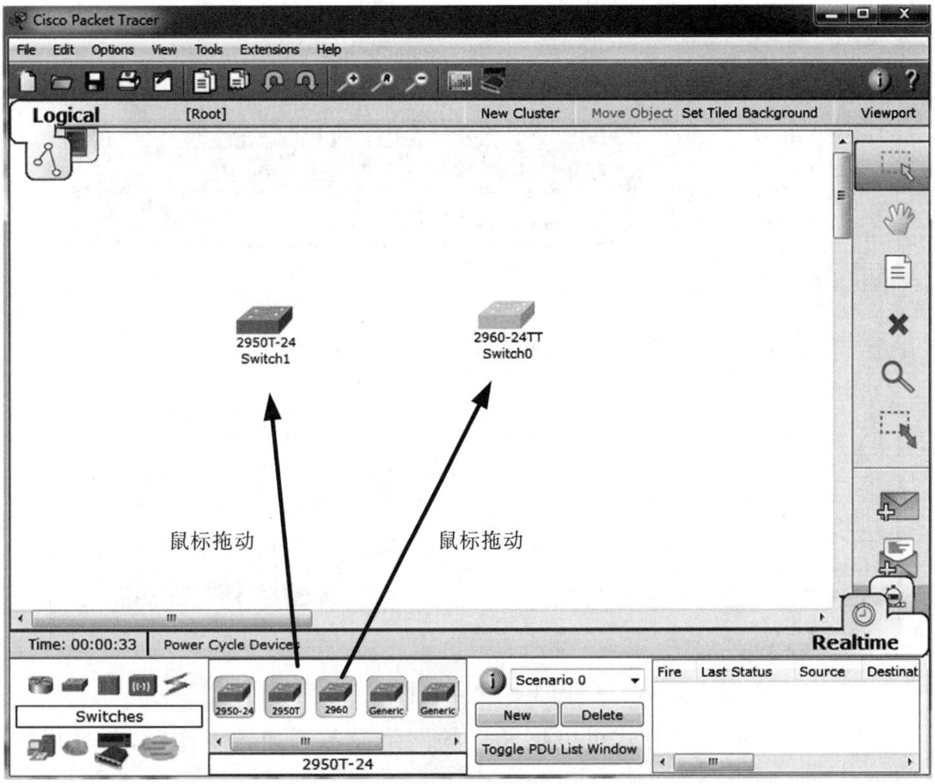

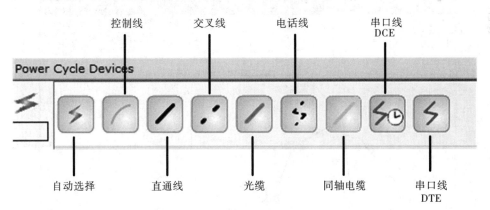

图 3-2　将设备添加到工作区

(3)设备之间的连接线介绍,如图 3-3 所示。

控制线　　交叉线　　电话线　　串口线 DCE

Power Cycle Devices

自动选择　　直通线　　光缆　　同轴电缆　　串口线 DTE

图 3-3　设备间连接线

(4)路由器背板有扩展槽,在关闭电源的情况下,可以将扩展板扩展到扩展槽,如图 3-4 所示。

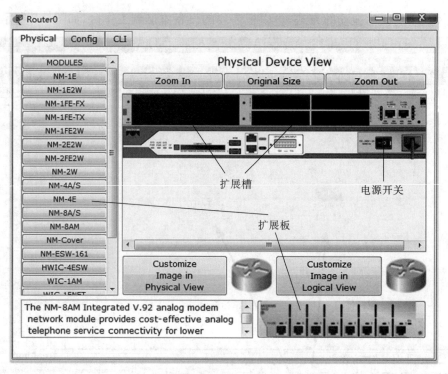

图 3-4　路由器背板

(5)通过鼠标拖拽的方式可以把相应的网络设备添加到工作区,通过相应的连接线可以把网络连接起来,形成网络拓扑,如图 3-5 所示。

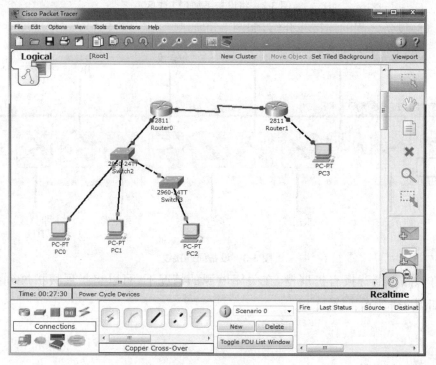

图 3-5　网络拓扑

（6）PC 的配置界面如图 3-6 所示，在该界面下可以进行 IP 地址的配置等。

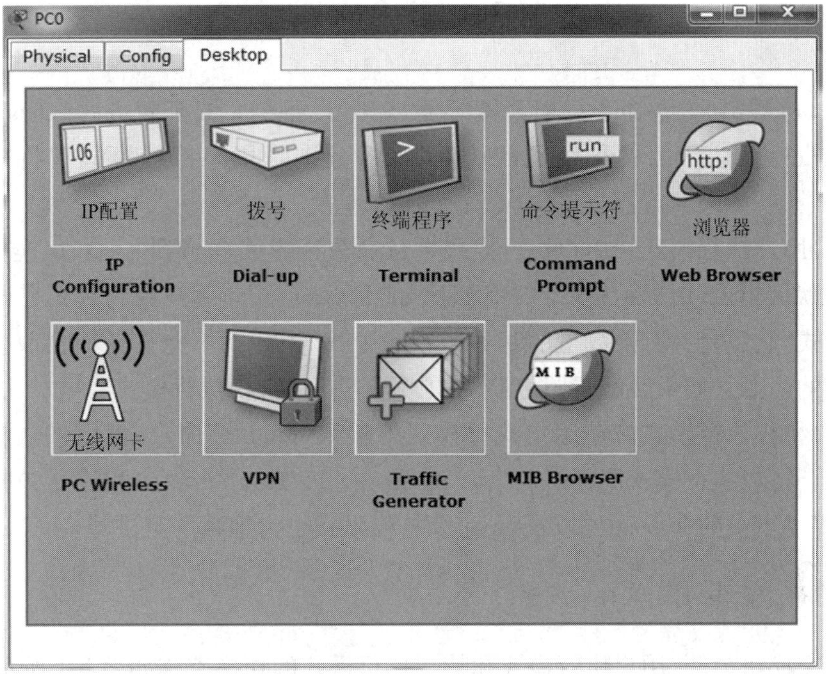

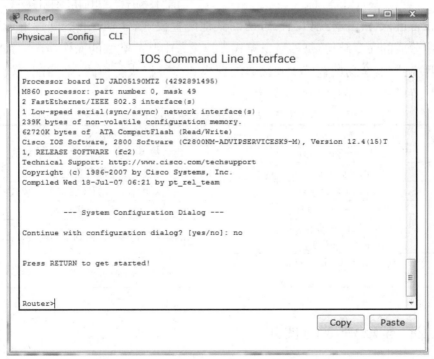

图 3-6　PC 配置界面

（7）单击交换机或路由器等其他网络设备，选择 CLI 选项卡，可以在命令行模式下对设备进行配置。如图 3-7 所示。

图 3-7　CLI 选项卡

3.3　实验内容

Cisco(思科)设备命令行配置界面是 Cisco 设备的主要配置方式。Cisco IOS 软件将执行会话分为两种级别的访问模式,分别是用户执行模式和特权执行模式。

(1)用户执行模式。用户执行模式是从命令行界面登录到 Cisco 交换机后所进入的默认模式,用提示符">"标识,比如"Router>"。用户执行模式是最低级别的模式,它只允许有限数量的基本监视命令,该模式下不允许任何会改变路由器配置的命令。如果要配置路由器,就必须先进入"特权执行模式"。

(2)特权执行模式。在用户执行模式下输入"enable"命令,可以进入特权执行模式。特权执行模式用提示符"♯"标示。比如"Router♯"。相比用户执行模式,它提供更多的命令(比如 debug 命令)、权限和更为细致的测试等。

3.3.1　命令模式的切换

以交换机为例,用户执行模式和特权执行模式的切换方式如表 3-1 所示。

表 3-1　两种模式命令切换

命令	含义
Switch>enable	由用户执行模式进入特权执行模式
Switch♯disable	由特权执行模式退回用户执行模式

设备进入特权执行模式后,可访问其他配置模式。Cisco IOS 软件的命令模式采用分成的命令结构,每种命令模式支持设备中某一类型的操作命令。最常用的两种模式为:全局配置模式和接口配置模式。特权执行模式、全局配置模式和接口配置模式之间的命令切换如表 3-2 所示。

表 3-2　三种模式命令切换

命令	含义
Switch♯configure terminal	由特权执行模式进入全局配置模式
Switch(config)♯	处于全局配置模式
Switch(config)♯interface f0/1	由全局配置模式进入接口配置模式
Switch(config-if)♯	处于接口配置模式
Switch(config-if)♯exit Switch(config)♯	由接口配置模式退回到全局配置模式
Switch(config-if)♯end Switch♯	由接口配置模式退回到特权执行模式

3.3.2　帮助命令的使用

词语帮助:如果不记得完整命令,只记得开头的几个字符,可以先输入开头的几个字符,然后再输入"?",所有以所输入的字符开头的命令会全部显示出来。如:输入 int? 将显示所有以 int 开头的命令。

命令语法帮助:如果不熟悉当前模式可以使用哪些命令,或者不知道命令的具体参数,可以直接输入"?"或在相应命令的后面输入"?",则会显示当前模式可执行的所有命令和该命令的参数。示例如表 3-3 所示。

表 3-3　命令提示

命令	含义
Switch#cl? clear clock	命令提示,显示当前模式下可用的以 cl 开头的命令列表
Switch#clock set ? hh:mm:ss current time	提供了一个 clock set 命令所需的命令参数列表

主要错误提示如表 3-4 所示。

表 3-4　命令错误提示

错误	含义
Switch#cl %Ambiguous command:"cl"	设备无法识别命令
Switch#clock %Incomplete command	不完整的命令,未输入此命令所需的关键字或值
Switch#clock set aa:11:30 %Invalid input detected at'^' market	无效的输入位置

3.3.3 历史记录缓冲区配置

常用历史记录缓冲区配置命令及其功能含义如表 3-5 所示。

表 3-5　历史记录缓冲区配置命令

命令	含义
Switch#terminal history	启动终端历史记录,该命令可在用户模式或特权模式下执行。
Switch#terminal history size 100	配置终端历史记录大小,终端历史记录可保留 0 至 256 行
Switch#terminal no history size	将终端历史记录大小恢复为 10 条
Switch#terminal no history	禁止终端历史记录

3.3.4　交换机的配置

1. 准备

将 PC 或终端连接到控制台端口。

图 3-8　配置前的物理连接

2. 配置

如图3-9 所示,终端仿真器应用程序(如 HyperTerminal)配置正确,且正在运行。

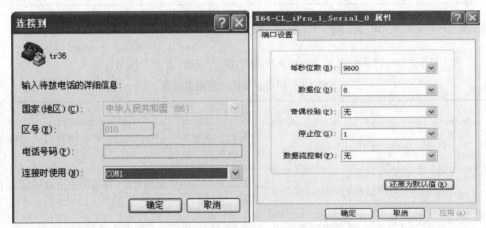

图 3-9　PC 的超级终端设置

3. 在控制台上查看启动过程

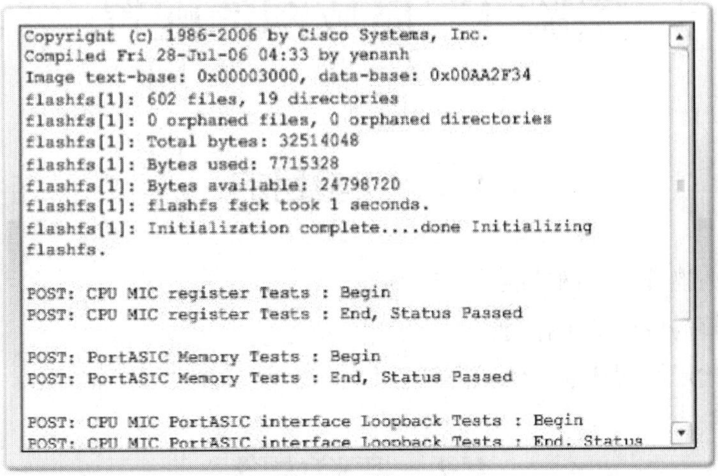

```
Copyright (c) 1986-2006 by Cisco Systems, Inc.
Compiled Fri 28-Jul-06 04:33 by yenanh
Image text-base: 0x00003000, data-base: 0x00AA2F34
flashfs[1]: 602 files, 19 directories
flashfs[1]: 0 orphaned files, 0 orphaned directories
flashfs[1]: Total bytes: 32514048
flashfs[1]: Bytes used: 7715328
flashfs[1]: Bytes available: 24798720
flashfs[1]: flashfs fsck took 1 seconds.
flashfs[1]: Initialization complete....done Initializing
flashfs.

POST: CPU MIC register Tests : Begin
POST: CPU MIC register Tests : End, Status Passed

POST: PortASIC Memory Tests : Begin
POST: PortASIC Memory Tests : End, Status Passed

POST: CPU MIC PortASIC interface Loopback Tests : Begin
POST: CPU MIC PortASIC interface Loopback Tests : End, Status
```

图 3-10　控制台启动过程

管理接口配置命令如表 3-6 所示。

表 3-6　管理接口配置命令

命令	含义
Switch(config)♯interface vlan 10	进入 vlan10 的接口配置模式
Switch(config-if)♯ip address 192.168.1.1 255.255.255.0	给接口配置 IP 地址
Switch(config-if)♯no shutdown	打开接口
Switch(config-if)♯switch access vlan 20	把接口划分到 vlan20

验证交换机配置命令如表 3-7 所示。

表 3-7　验证交换机配置命令

命令	含义
Show interface {interface-id}	显示接口的状态和配置信息
Show startup-config	显示启动配置
Show running-config	显示当前运行配置
Show flash:	显示关于 flash:文件系统信息
Show version	显示系统软硬件状态
Show ip	显示 IP 信息
Show mac-address-table	显示 MAC 转发表

3.4　实验思考

(1)忘记所输入命令时,如何处理?

(2)开启设备电源后,如果希望先前所进行的配置还在,那么需要做什么配置? 为什么?

实验 4　局域网的配置

4.1　实验目的

(1)掌握物理局域网的组建方式。
(2)理解局域网的工作特点。
(3)掌握局域网连通性测试方法。

4.2　实验内容

4.2.1　知识背景

局域网(Local Area Network,LAN)是在一个局部的地理范围内(一般是方圆几千米以内,如一个学校、工厂或机关)将各种计算机、外部设备和数据库等连接起来组成的计算机通信网。它可以通过数据通信网或专用数据电路,与远方的局域网、数据库或处理中心连接,构成一个较大范围的信息处理系统。局域网可以实现文件管理、应用软件共享、打印机共享、扫描仪共享、工作组内的日程安排、电子邮件和传真通信服务等功能。局域网严格意义上讲是封闭型的。它可以由办公室内几台甚至上千上万台计算机组成。决定局域网的主要技术要素为:网络拓扑,传输介质和介质访问控制方法。

局域网的类型很多,按网络使用的传输介质分类,可将局域网分为有线网和无线网;按网络拓扑结构分类,可将其分为总线型、星型、环型、树型、混合型网络等;按传输介质所使用的访问控制方法分类,又可将其分为以太网、令牌环网、FDDI 网和无线局域网等,其中,以太网是当前应用最普遍的局域网。

局域网最主要的特点是,网络为一个单位所拥有,且其地理范围和站点数目均有限。局域网的主要优点如下:

(1)局域网具有广播功能。从一个站点可以很方便地访问全网。局域网上的主机可以共享连接本局域网上的各种硬件和软件资源。

(2)局域网便于系统的扩展和演变。局域网中各设备的位置可灵活调整。

(3)局域网提高了系统的可靠性、可用性和残存性。

局域网的拓扑结构有:总线型、星型、环型和树型等,目前最常用的局域网结构是星型结构。

为了使一个办公室或实验室方便信息的共享,最常用的方法就是用一台交换机把各种终端连接起来,组建成一个局域网,在该局域网下进行信息资源共享,实现网络的互联互通。

4.2.2　实验任务

将 PC0、PC1、PC2、PC3 用一台交换机 Switch0 连接起来,组建一个局域网,并进行测试。

4.2.3　实验步骤

1. 创建实验网络拓扑

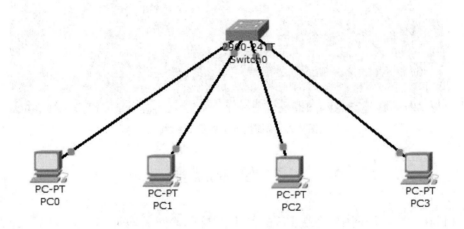

图 4-1　局域网拓扑图

2. 给终端设备配置 IP 地址

表 4-1　终端设备 IP 地址配置表

设备	IP 地址	子网掩码
PC0	192.168.1.1	255.255.255.0
PC1	192.168.1.2	255.255.255.0
PC2	192.168.1.3	255.255.255.0
PC3	192.168.1.4	255.255.255.0

3. 局域网连通性测试

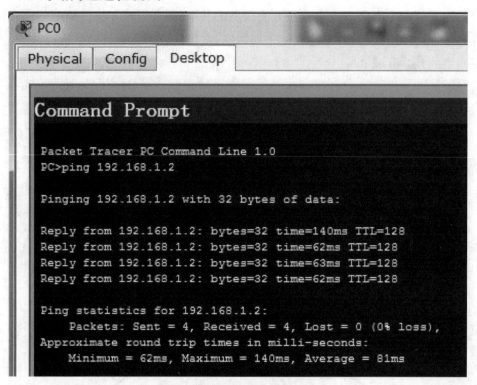

图 4-2　局域网连通性测试结果

4.3　实验思考

(1)在一个局域网中,终端 PC 的网卡需要配置网关地址吗? 为什么? 什么情况下需要配置网关地址?

(2)在组建局域网时,需要注意什么?

实验 5　VLAN 的划分

5.1　实验目的

(1)理解 VLAN 的含义。

(2)掌握 VLAN 的配置方法。

(3)掌握 VLAN 划分在实际中如何应用。

5.2　实验内容

5.2.1　知识背景

1. VLAN 的含义

虚拟局域网(VLAN)是以局域网交换机为基础,将局域网内的设备逻辑地(而不是物理地)划分成一个个网段从而实现虚拟工作组的技术。其最大的特点是在组成逻辑网时无需考虑用户或设备在网络中的物理位置,可以进行灵活地划分。VLAN 具备了一个物理网段所具备的特性。同一 VLAN 内的主机可以相互直接通信,不同 VLAN 间的主机之间互相访问必须经路由设备转发,广播数据包只可以在本 VLAN 内进行广播,不能传输到其他 VLAN 中。目前广泛使用的 VLAN 划分方法为基于交换端口划分的 VLAN。

2. VLAN 划分的优点

VLAN 划分的优点有:①简化网络管理,减少管理开销;②控制网络广播包;③提高网络的安全性。

3. VLAN 内主机通信方式

由于 VLAN 是以逻辑来划分的,可能一个 VLAN 内的主机不在同一个物理区域。若 VLAN 内主机在同一交换机内,则主机间可以直接通信;若 VLAN 内主机不在同一个交换机内,则要通过 802.1Q VLAN 来实现通信,此时把交换机的级连口加上 TAG 标记即可。

4. VLAN 间主机的通信方式

由于不同的 VLAN 互相隔离了广播包,所以不在同一个 VLAN 内的主机是不能够直接进行通信的。VLAN 间的主机如果要实现通信,必须经过三层设备

（如三层交换机、路由器等）。

5. TRUNK 与 ACCESS 的区别

TRUNK 口一般是与交换机对接的，即级连口。它的数据帧中多了 TAG 头，可实现一个 VLAN 跨多个交换机。这种口可以通过多个 VID。ACCESS 口是与电脑对接的，它的数据帧是标准的，没有 TAG 头。这种口只能通过一个 VID。

5.2.2　实验任务 1：单交换机 VLAN 的划分

一个办公区有若干个部门，所有部门的计算机连接在一台交换机上，业务交流要求实现部门内部的网络连通和资源共享，同时要求对部门间的网络进行隔离。此处以四台主机分属两个部门为例，进行实验讲解。假设四台主机依次标号为 PC0、PC1、PC2、PC3，其中，前两台主机同属部门 1，后两台主机同属部门 2。实验步骤如下：

1. 创建实验网络拓扑

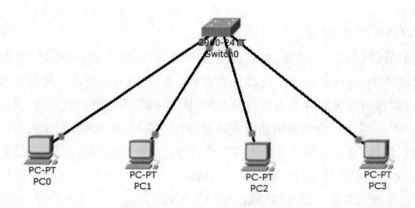

图 5-1　单交换机 VLAN 划分网络拓扑图

2. 给终端配置 IP

表 5-1　终端 IP 配置表

设备	连接端口	IP 地址	子网掩码
PC0	F0/1	192.168.1.1	255.255.255.0
PC1	F0/2	192.168.1.2	255.255.255.0
PC2	F0/3	192.168.1.3	255.255.255.0
PC3	F0/4	192.168.1.4	255.255.255.0

3. 主要配置命令

Switch＞en

Switch＃conf t

Switch(config)♯vlan 2　　　　　　　　　　//创建 vlan2

Switch(config-vlan)♯vlan 3　　　　　　　//创建 vlan3

Switch(config-vlan)♯int range f0/1-2　　//进入接口 f0/1,f0/2

Switch(config-if-range)♯switch access vlan 2　//把 f0/1,f0/2 划分到 vlan2

Switch(config-if-range)♯int range f0/3-4　　//进入接口 f0/3,f0/4

Switch(config-if-range)♯switch access vlan 3　//把 f0/3,f0/4 划分到 vlan3

Switch(config-if-range)♯end

4. 结果测试

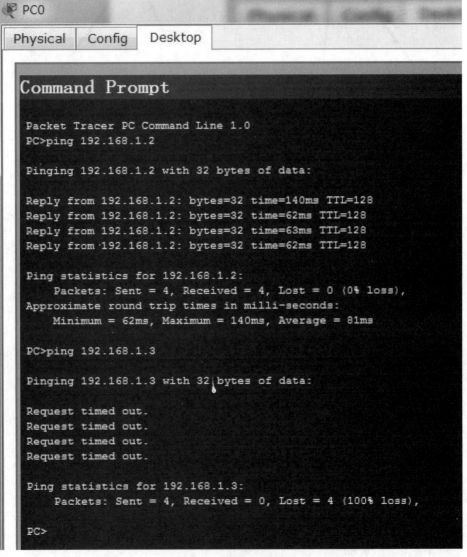

图 5-2　连通性测试结果

5.2.3 实验任务2:双交换机 VLAN 的划分

实验要求:在两台交换机上进行 VLAN 的划分,实现相同 VLAN 中主机的通信。实验步骤如下:

1.创建网络拓扑

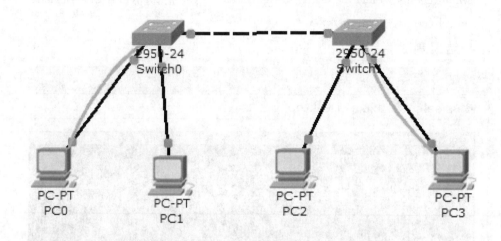

图 5-3 跨交换机 VLAN 划分网络拓扑图

注:PC0 和 PC2 同属于一个 VLAN10,PC2 和 PC3 同属于一个 VLAN20。

2. 主要配置

Switch0 的配置如下:

Switch>en

Switch#conf t

Switch(config)#vlan 10 ⎫
Switch(config-vlan)#vlan 20 ⎬ 创建2个 VLAN,分别是 VLAN10 和 VLAN20

Switch(config-vlan)#exit

Switch(config)#int f0/1 ⎫
Switch(config-if)#switch access vlan 10 ⎬ 把端口 f0/1 和 f0/2 分别划入
Switch(config-if)#int f0/2 ⎬ VLAN10 和 VLAN20
Switch(config-if)#switch access vlan 20 ⎭

Switch(config-if)#int f0/3 ⎫
Switch(config-if)#switch mode trunk ⎬ 把端口 f0/3 的属性更改为 trunk

Switch1 的配置如下:

Switch>en

Switch#conf t

Switch(config)♯vlan 10 ⎱ 创建2个VLAN，分别是VLAN10和VLAN20
Switch(config-vlan)♯vlan 20 ⎰

Switch(config-vlan)♯exit

Switch(config)♯int f0/1

Switch(config-if)♯switch access vlan 10 把端口f0/1和f0/2分别划入

Switch(config-if)♯int f0/2 ⎱ VLAN10和VLAN20

Switch(config-if)♯switch access vlan 20 ⎰

3. 实验结果测试

```
PC0
Physical | Config | Desktop

Command Prompt

Packet Tracer PC Command Line 1.0
PC>ping 192.168.1.2

Pinging 192.168.1.2 with 32 bytes of data:

Reply from 192.168.1.2: bytes=32 time=140ms TTL=128
Reply from 192.168.1.2: bytes=32 time=62ms TTL=128
Reply from 192.168.1.2: bytes=32 time=63ms TTL=128
Reply from 192.168.1.2: bytes=32 time=62ms TTL=128

Ping statistics for 192.168.1.2:
    Packets: Sent = 4, Received = 4, Lost = 0 (0% loss),
Approximate round trip times in milli-seconds:
    Minimum = 62ms, Maximum = 140ms, Average = 81ms

PC>ping 192.168.1.3

Pinging 192.168.1.3 with 32 bytes of data:

Request timed out.
Request timed out.
Request timed out.
Request timed out.

Ping statistics for 192.168.1.3:
    Packets: Sent = 4, Received = 0, Lost = 4 (100% loss),

PC>
```

图 5-4 连通性测试结果

5.3   实验思考

(1)VLAN 划分的主要目的是什么？

(2)VLAN 划分有什么优点？

(3)请完成如下网络拓扑的 VLAN 划分。

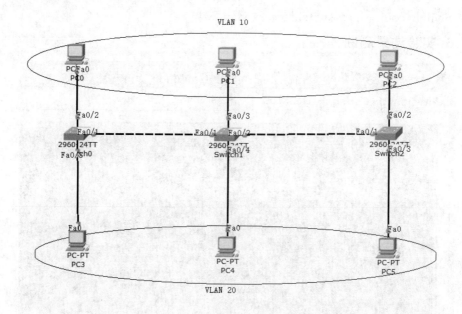

实验 6　交换机的管理配置

6.1　实验目的

(1)理解并掌握对交换机进行管理的工作原理。

(2)掌握对交换机配置 IP 的方法。

(3)掌握交换机远程登录的配置方式。

6.2　实验内容

6.2.1　交换机管理工作原理

通常情况下,网管人员使用 Telnet 方式对交换机进行配置。如果要实现远程管理交换机,就需要为交换机配置管理 IP,并设置远程登录密码。这里的远程登录是指通过 Telnet 或 SSH 等交换机进行远程访问,也称 VTY。若没有配置管理 IP 地址,则交换机只能通过控制端口进行本地配置和管理。对二层交换机设置管理地址,首先应选择 VLAN1 接口,然后再利用配置命令设置管理 IP 地址。在配置完管理 IP 地址和远程登录密码后,还需要激活端口。

默认情况下,交换机所有端口均属于 VLAN1,管理 IP 通常针对 VLAN1 指定并激活。

交换机的配置步骤如下:

1. 对交换机重新命名

Switch(config)♯hostname 新名称

2. 设置交换机 IP 地址、网关并激活接口

Switch(config)♯interface vlan1

Switch(config-if)♯ip address 192.168.1.1 255.255.255.0

Switch(config-if)♯ip default-gateway 192.168.1.254

Switch(config-if)♯no shutdown

3. 设置特权口令

Switch(config)♯enable secret 新口令

4. 设置远程登录口令

Switch(config)♯line vty 0 4

Switch(config-line)♯login

Switch(config-line)♯password 远程登录口令

6.2.2　实验任务

通过对交换机进行配置,实现 PC0 对交换机的远程访问。

6.2.3　实验步骤

1. 创建实验网络拓扑

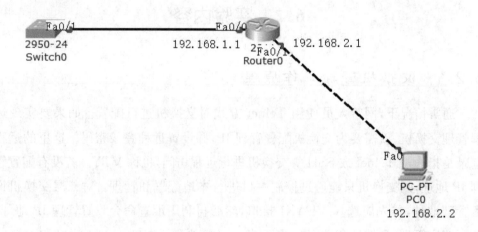

图 6-1　实验拓扑

2. 配置设置命令

(1)Router0 的配置。

配置 Router0 是为了实现网络拓扑的连通。命令如下:

Router>en

Router♯conf t

Router(config)♯int f0/0

Router(config-if)♯ip address 192.168.1.1 255.255.255.0

//给端口 f0/0 配置 IP 地址

Router(config-if)♯no shut

Router(config-if)♯int f0/1

Router(config-if)♯ip address 192.168.2.1 255.255.255.0

//给端口 f0/1 配置 IP 地址

Router(config-if)♯no shut

(2)交换机的配置。

Switch＞en

Switch♯conf t

Switch(config)♯hostname Myswitch

Myswitch(config)♯int vlan1

Myswitch(config-if)♯ip address 192.168.1.100 255.255.255.0

//给 VLAN1 配置 IP 地址即交换机 IP

Myswitch(config-if)♯ip default-gateway 192.168.1.1

//给交换机配置网关

Myswitch(config)♯int vlan1

Myswitch(config-if)♯no shut   //打开 VLAN1 端口

Myswitch(config-if)♯exit

Myswitch(config)♯enable secret 123   //给交换机设置特权口令

Myswitch(config)♯line vty 0 4   //进入交换机虚拟线路模式

Myswitch(config-line)♯login

Myswitch(config-line)♯password abc   //给交换机设置远程登录口令

Myswitch(config-line)♯end

Myswitch♯

3. 结果测试

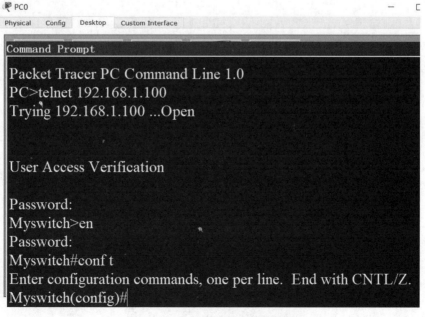

图 6-2 PC0 远程连接交换机结果

6.3　实验思考

(1)为什么要给交换机配置 IP 地址?

(2)在给交换机进行管理配置的时候,为什么要配置特权口令?

实验 7 三层交换机实现 VLAN 间通信

7.1 实验目的

(1)深入了解三层交换机的功能、特点及工作原理。
(2)掌握三层交换机实现路由功能的方法。

7.2 实验内容

7.2.1 知识背景

三层交换机是指具备三层路由功能的交换机,其端口(接口)可以实现基于三层寻址的分组转发,每个三层接口都定义了一个单独的广播域,在为接口配置好 IP 协议后,该接口就成为连接该接口的同一个广播域内其他设备和主机的网关。二层交换机使用的是 MAC 地址交换表,而三层交换机使用的是基于 IP 地址的交换表。

三层交换机具备网络层的功能,实现 VLAN 相互访问的原理是:利用三层交换机的路由功能,通过识别数据包的 IP 地址,查找路由表进行选路转发,三层交换机利用直连路由可以实现不同 VLAN 之间的相互访问。三层交换机给接口配置 IP 地址。采用 SVI(交换虚拟接口)的方式实现 VLAN 间互连。SVI 是指为交换机中的 VLAN 创建虚拟接口,并且配置 IP 地址。

三层交换机的端口可用作二层的交换端口,也可用作三层的路由端口,默认当作二层端口使用。

将端口设置为三层,配置命令为 no Switchport。

将端口设置为二层,配置命令为 Switchport。

对于 IP 网络,应为三层端口指定 IP 地址,该地址以后成为所联广播域内其他二层接入交换机和客户机的网关地址。

三层端口默认状态一般是 shutdown,所以一个接口配置完成后应立即使用 no shutdown 命令来启用此端口。

7.2.2 实验任务

按照图 7-1 连接拓扑,其中 PC0 和 PC1 通过 VLAN 划分到了 VLAN10,PC2 和 PC3 通过 VLAN 划分到了 VLAN20。要求通过配置三层交换机,实现两个 VLAN 间 PC 的通信。

7.2.3 实验步骤

1.创建实验网络拓扑

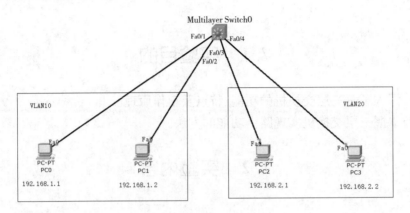

图 7-1 实验网络拓扑图

2.拓扑配置命令

Switch>en

Switch#conf t

Switch(config)#vlan 10

Switch(config-vlan)#vlan 20

Switch(config-vlan)#int range f0/1-2

Switch(config-if-range)#switch access vlan 10

//把 f0/1 和 f0/2 划分到 VLAN10

Switch(config-if-range)#int range f0/3-4

Switch(config-if-range)#switch access vlan 20

//把 f0/3 和 f0/4 划分到 VLAN20

Switch(config-if-range)#int vlan10

Switch(config-if)#ip address 192.168.1.100 255.255.255.0

//配置 VLAN10 的网关

Switch(config-if)#no shut

Switch(config-if)#int vlan20

Switch(config-if)#ip address 192.168.2.100 255.255.255.0

//配置 VLAN20 的网关

Switch(config-if)#no shut

Switch(config-if)#exit

Switch(config)#ip routing   //启用路由功能

3.结果验证

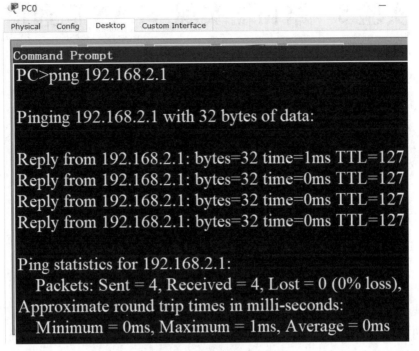

图 7-2　实验结果验证图

7.3　实验思考

(1)三层交换机和普通交换机有哪些区别?

(2)三层交换机和路由器有什么区别?

(3)通过配置如下网络拓扑实现 VLAN10 和 VLAN20 之间的通信。

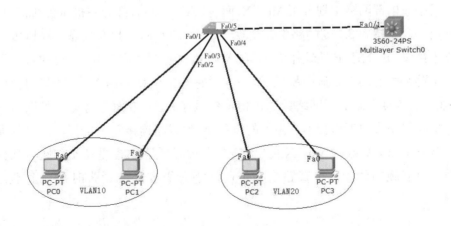

实验 8 路由器实现 VLAN 间通信

8.1 实验目的

(1)理解路由器实现不同 VLAN 间通信的原理。

(2)掌握通过路由器实现不同 VLAN 间通信的配置方法。

8.2 实验内容

8.2.1 知识背景

使用三层交换机虽然可以实现不同 VLAN 间的通信,但是许多企业在网络搭建初期购买的都是二层可管理型交换机,如果要购买三层交换机实现 VLAN 间的通信功能就会导致之前使用的二层可管理型交换机被丢弃,造成浪费。此时可以通过添加一台路由器解决上面提到的企业网络升级问题。此路由器相当于三层交换机的路由模块,只是我们将其放到了交换机的外部。路由器与交换机之间通过外部线路连接。这个外部线路只有一条,但是它在逻辑上是分开的,需要路由的数据包会通过这个线路到达路由器,经过路由后再通过此线路返回交换机进行转发。我们形象地称这种连接方式为单臂路由。单臂路由中数据包从哪个口进去,就从哪个口出来,而传统网络拓扑中数据包从某个接口进入路由器又从另一个接口离开路由器。

当企业内部网络中划分了 VLAN,而 VLAN 之间有部分主机需要通信时,可以使用一台支持 802.1Q 的路由器实现 VLAN 的互通。我们只需要在以太口上建立子接口,并分配 IP 地址作为该 VLAN 的网关,同时启动 802.1Q 协议即可。

单臂路由的缺点是显而易见的,一方面它非常消耗路由器 CPU 与内存的资源,在一定程度上影响了网络数据包传输的效率;另一方面它将本来可以由三层交换机内部完成的工作交给了额外的设备,导致线路连接复杂性提高。另外通过单臂路由将原本划好的 VLAN 彻底打破,大大降低了原有提高安全性与减少广播数据包措施的效用。单臂路由在企业网络升级或经费紧张时是一个不错的选择。

8.2.2　实验任务

在交换机上创建 2 个 VLAN,分别把 4 台主机划分到两个 VLAN 中,通过配置路由器,实现两个 VLAN 间的通信。

8.2.3　实验步骤

1. 创建实验网络拓扑

根据实验任务创建实验拓扑,结果如下:

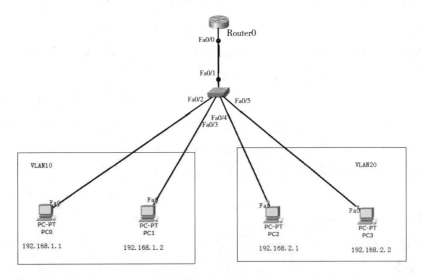

图 8-1　实验拓扑图

2. 拓扑配置

(1)配置交换机。

Switch>en

Switch#conf t

Switch(config)#vlan 10　　　　　　　　//创建 VLAN10

Switch(config-vlan)#exit

Switch(config)#vlan 20　　　　　　　　//创建 VLAN20

Switch(config-vlan)#exit

Switch(config)#int range f0/2-3　　　　//进入交换机端口 f0/2 和 f0/3

Switch(config-if-range)#switch access vlan 10

//把交换机端口 f0/2 和 f0/3 划分到 VLAN10

Switch(config-if-range)#int range f0/4-5//进入交换机端口 f0/4 和 f0/5

Switch(config-if-range)#switch access vlan 20

//把交换机端口 f0/4 和 f0/5 划分到 VLAN10

Switch(config-if-range)♯int f0/1　　//进入交换机端口 f0/1

Switch(config-if)♯switch mode trunk　//把交换机端口 f0/1 的属性更改为 trunk

Switch(config-if)♯end

(2)配置路由器。

Router＞en

Router♯conf t

Router(config)♯int f0/0　　　　　　//进入路由器端口 f0/0

Router(config-if)♯no shut　　　　　//打开端口

Router(config)♯int f0/0.1　　　　　//进入子接口 f0/0.1

Router(config-subif)♯encapsulation dot1q 10　//对子接口按 802.1q 封装

Router(config-subif)♯ip add 192.168.1.100 255.255.255.0

　　　　　　　　　　　　　　　　　　//对子接口配置 IP 地址

Router(config-subif)♯int f0/0.2　　　　　//进入子接口 f0/0.2

Router(config-subif)♯encapsulation dot1q 20　//对子接口按 802.1q 封装

Router(config-subif)♯ip add 192.168.2.100 255.255.255.0

　　　　　　　　　　　　　　　　　　//对子接口配置 IP 地址

Router(config-subif)♯exit

3. 结果验证

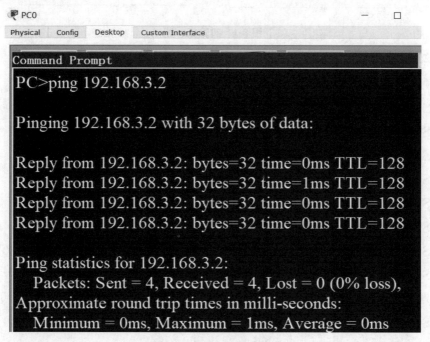

图 8-2　实验结果验证图

8.3　实验思考

(1)用路由器实现不同 VLAN 间通信的主要方式是什么?

(2)子接口和物理接口在功能上的主要区别是什么?

实验9　静态路由的配置

9.1　实验目的

(1)理解路由的转发原理。

(2)了解静态路由的特点。

(3)掌握静态路由的配置方法。

9.2　实验内容

9.2.1　知识背景

静态路由是指由网络管理员手工配置的路由信息。当网络的拓扑结构或链路的状态发生变化时,网络管理员需手工修改路由表中相关的静态路由信息。静态路由一般适用于比较简单的网络环境。在这样的环境中,网络管理员易于清楚地了解网络的拓扑结构,便于设置正确的路由信息。

静态路由具有网络安全、保密性高的优点。动态路由需要路由器之间频繁地交换各自的路由表,而对路由表的分析可以揭示网络的拓扑结构和网络地址等信息。因此,出于网络安全考虑时可以采用静态路由。

静态路由的缺点是通常不适用于大型或复杂的网络环境。这是因为,对于大型或复杂的网络而言,一方面,网络管理员难以全面地了解整个网络的拓扑结构;另一方面,当网络的拓扑结构和链路状态发生变化时,路由器中的静态路由信息需要作大范围地调整,这一工作的难度和复杂程度非常高。

静态路由的配置方法为:

IP Router 目的网络地址 子网掩码 下一跳地址/本地转发接口

默认路由是一种特殊的静态路由,指的是当路由表中没有与包的目的地址匹配的表项时路由器能够作出的选择。如果没有默认路由器,目的地址在路由表中没有匹配表项的包将会被丢弃。

默认路由的配置方法为:

IP Router 0.0.0.0 0.0.0.0 下一跳地址/本地转发接口

9.2.2 实验任务

配置静态路由,实现网络的互通,并掌握静态路由的配置方法。

9.2.3 实验步骤

1. 创建实验网络拓扑

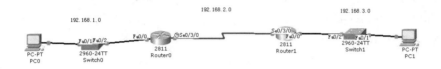

图 9-1 实验网络拓扑图

2. 实验配置

(1)路由器 Router0 的配置。

Router>en

Router#conf t

Router(config)#int f0/0 　　　　　　//进入路由器端口 f0/0

Router(config-if)#no shut 　　　　　//打开端口 f0/0

Router(config-if)#ip add 192.168.1.1 255.255.255.0

　　　　　　　　　　　　　　　//给端口 f0/0 配置 IP 地址

Router(config-if)#int s0/3/0 　　　　//进入路由器串口 s0/3/0

Router(config-if)#ip add 192.168.2.1 255.255.255.0

　　　　　　　　　　　　　　　//给串口 s0/3/0 配置 IP 地址

Router(config-if)#no shut 　　　　　//打开串口 s0/3/0

Router(config-if)#clock rate 64000 　//给串口 s0/3/0 配置时钟频率

Router(config-if)#

Router(config-if)#exit

Router(config)#ip route 192.168.3.0 255.255.255.0 192.168.2.2

　　　　　　　　　　　　　　　//配置静态路由

Router(config)#

(2)路由器 Router1 的配置。

Router>en

Router#conf t

Router(config)#int s0/3/0 　　　　　//进入路由器串口 s0/3/0

Router(config-if)#ip add 192.168.2.2 255.255.255.0

　　　　　　　　　　　　　　　//给串口 s0/3/0 配置 IP 地址

Router(config-if)#no shut 　　　　　//打开串口 s0/3/0

Router(config-if)♯int f0/0　　　　　　　　//进入路由器端口 f0/0

Router(config-if)♯ip add 192.168.3.1 255.255.255.0

　　　　　　　　　　　　　　　　//给端口 f0/0 配置 IP 地址

Router(config-if)♯no shut　　　　　　　　//打开端口 f0/0

Router(config-if)♯exit

Router(config)♯ip route 192.168.1.0 255.255.255.0 192.168.2.1

　　　　　　　　　　　　　　　　//配置静态路由

Router(config)♯

3.结果验证

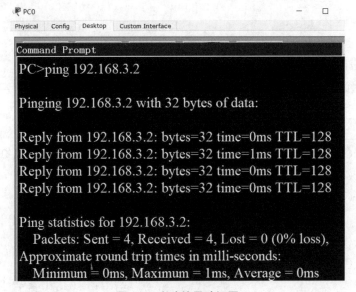

图 9-2　实验结果验证图

9.3　实验思考

(1)什么情况下用默认路由?

(2)通过配置静态路由实现如下网络拓扑的互通。

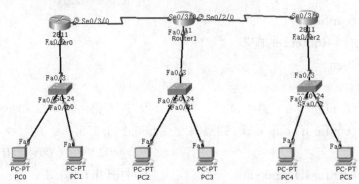

实验 10 动态路由协议 RIP 的配置

10.1 实验目的

(1)理解 RIP 协议的工作原理。
(2)掌握 RIP 协议的配置方法。

10.2 实验内容

10.2.1 知识背景

常用的动态路由协议有 RIP 和 DSPF 两种,本实验讲解 RIP 的配置。

RIP(Routing Information Protocol)是应用较早、使用较普遍的内部网关协议(Interior Gateway Protocol,简称 IGP),适用于小型同类网络,是典型的距离向量(distance-vector)协议。RIP 通过广播 UDP(用户数据协议)报文来交换路由信息,每 30 秒发送一次路由信息更新。RIP 提供跳跃计数(hop count)作为尺度来衡量路由距离,跳跃计数是一个包到达目标所必须经过的路由器的数目。RIP 最多支持的跳数为 15,即在源和目的网间所要经过的最多路由器的数目为 15,跳数16 表示不可达。

RIP 路由协议配置方法:

router rip //在路由器配置中启用 rip 协议

version 2 //配置 rip 协议的版本

network 网络地址 //配置路由器直连的网段

10.2.2 实验任务

配置动态路由协议 RIP,实现网络的互通。

10.2.3　實驗步驟

1. 創建實驗網絡拓撲

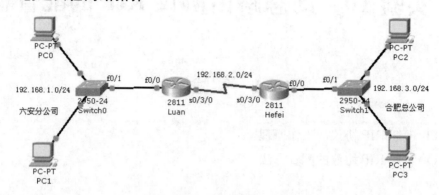

圖 10-1　實驗網絡拓撲圖

2. 主要配置

（1）配置兩台路由的接口。

Luan 路由器上的配置如下：

Router＞en

Router＃conf t

Router(config)＃hostname Luan　　　//更改路由器的名稱為 Luan

Luan(config)＃int s0/3/0　　　　　//進入串口 s0/3/0

Luan(config-if)＃ip add 192.168.2.1 255.255.255.0

　　　　　　　　　　　　　　　　//給串口 s0/3/0 配置 IP 地址

Luan(config-if)＃no shut　　　　　//打開串口 s0/3/0

Luan(config-if)＃exit

Luan(config)＃int f0/0　　　　　　//進入端口 f0/0

Luan(config-if)＃ip add 192.168.1.254 255.255.255.0

　　　　　　　　　　　　　　　　//給端口 f0/0 配置 IP 地址

Luan(config-if)＃no shut　　　　　//打開端口 f0/0

Luan(config-if)＃exit

Hefei 路由器上的接口配置類似於 Luan 路由器上的配置，只是 IP 不同。

（2）在兩台路由器上配置 RIP 協議。

Luan 路由器上的 RIP 協議的配置如下：

Luan(config)＃router rip　　　　　//在路由器上啟用 rip 協議

Luan(config-router)＃version 2　　//配置 rip 協議的版本

Luan(config-router)＃net 192.168.2.0

//配置路由器直连的网段 192.168.2.0

Luan(config-router)♯net 192.168.1.0

//配置路由器直连的网段 192.168.1.0

Luan(config-router)♯end

Hefei 路由器上的 RIP 协议类似于 Luan 路由器上的配置,只是两台路由器直连的网段不同。

(3)给终端 PC 配置 IP 地址。

表 10-1　终端地址表

PC	IP 地址	子网掩码	默认网关
PC0	192.168.1.1	255.255.255.0	192.168.1.254
PC1	192.168.1.2	255.255.255.0	
PC2	192.168.3.1	255.255.255.0	192.168.3.254
PC3	192.168.3.2	255.255.255.0	

3. 结果验证

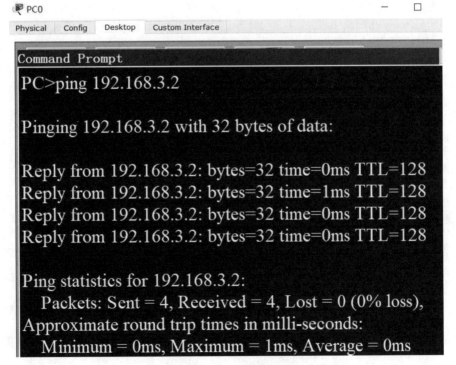

图 10-2　实验结果验证图

10.3　实验思考

（1）RIP 协议的优缺点是什么？

（2）通过配置动态路由协议 RIP 实现如下网络拓扑的互通。

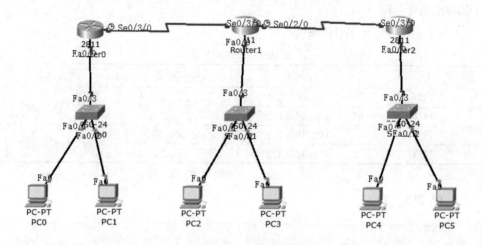

实验 11　动态路由协议 OSPF 的配置

11.1　实验目的

(1)理解 OSPF 协议的工作原理。
(2)掌握 OSPF 协议的配置方法。

11.2　实验内容

11.2.1　知识背景

OSPF(Open Shortest Path First,开放式最短路径优先)路由协议是 Internet 工程任务组(IETF)于 1988 年开发的针对 IPv4 协议所使用的协议,常用于在同一自治域系统内的路由器之间发布路由选择信息。OSPF 路由协议是一种典型的链路状态(Link-State)的路由协议,一般用于同一个路由域内。在这里,路由域是指一个自治系统(Autonomous System),即 AS。在这个 AS 中,所有的 OSPF 路由器都维护一个相同的描述这个 AS 结构的数据库,该数据库中存放的是路由域中相应链路的状态信息,OSPF 路由器正是通过这个数据库计算出其 OSPF 路由表的。作为一种链路状态的路由协议,OSPF 将链路状态广播数据包 LSA(Link State Advertisement)传送给在某一区域内的所有路由器。这一点与距离矢量路由协议不同,运行距离矢量路由协议的路由器是将部分或全部的路由表传递给与其相邻的路由器。

OSPF 路由协议配置方法如下:
Router ospf 进程号
//路由的配置模式通过进程号启用 OSPF 路由协议
Network 网络地址　通配符掩码 area 区域号
//配置路由器直连的网段并通过区域号指出该路由器所在的区域

11.2.2　实验任务

配置动态路由协议 OSPF,实现网络的互通。

11.2.3　实验步骤

1. 创建实验网络拓扑

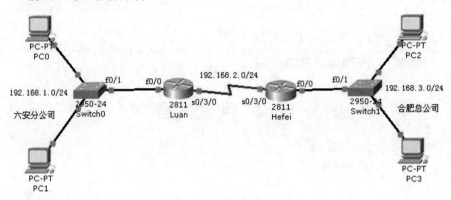

图 11-1　实验网络拓扑图

2. 实验配置

(1)配置两台路由的接口。

①Luan 路由器上的配置。

Router>en

Router#conf t

Router(config)#hostname Luan　　　　　//更改路由器的名称为 Luan

Luan(config)#int s0/3/0　　　　　　　//进入串口 s0/3/0

Luan(config-if)#ip add 192.168.2.1 255.255.255.0

　　　　　　　　　　　　　　　　　//给串口 s0/3/0 配置 IP 地址

Luan(config-if)#no shut　　　　　　　//打开串口 s0/3/0

Luan(config-if)#exit

Luan(config)#int f0/0　　　　　　　　//进入端口 f0/0

Luan(config-if)#ip add 192.168.1.254 255.255.255.0

　　　　　　　　　　　　　　　　　//给端口 f0/0 配置 IP 地址

Luan(config-if)#no shut　　　　　　　//打开端口 f0/0

Luan(config-if)#exit

②Hefei 路由器上的配置。

Router>en

Router#conf t

Router(config)♯host Hefei　　　//更改路由器的名称为 Hefei

Hefei(config)♯int s0/3/0　　　//进入串口 s0/3/0

Hefei(config-if)♯ip add 192.168.2.2 255.255.255.0

　　　　　　　　　　　//给串口 s0/3/0 配置 IP 地址

Hefei(config-if)♯clock rate 64000//配置串口 s0/3/0 的时钟频率

Hefei(config-if)♯no shut　　　//打开串口 s0/3/0

Hefei(config)♯int f0/0　　　　//进入端口 f0/0

Hefei(config-if)♯ip add 192.168.3.254 255.255.255.0

　　　　　　　　　　　//给端口 f0/0 配置 IP 地址

Hefei(config-if)♯no shut　　　//打开端口 f0/0

Hefei(config-if)♯exit

(2)在两台路由器上配置 OSPF 协议。

①Luan 路由器上的 OSPF 协议的配置。

Luan(config)♯router ospf 1　　//在路由器上启用 OSPF 协议,进程号为 1

Luan(config-router)♯net 192.168.2.0 0.0.0.255 area 0

//配置路由器直连的网段 192.168.2.0,区域号为 0 表示主干区域

Luan(config-router)♯net 192.168.1.0 0.0.0.255 area 0

//配置路由器直连的网段 192.168.1.0,区域号为 0 表示主干区域

Luan(config-router)♯end

②Hefei 路由器上的 OSPF 协议的配置。

Hefei(config)♯router ospf 1　　//在路由器上启用 OSPF 协议,进程号为 1

Hefei(config-router)♯net 192.168.3.0 0.0.0.255 area 0

//配置路由器直连的网段 192.168.3.0,区域号为 0 表示主干区域

Hefei(config-router)♯net 192.168.2.0 0.0.0.255 area 0

//配置路由器直连的网段 192.168.2.0,区域号为 0 表示主干区域

Hefei(config-router)♯end

注意:由于进程号只具有本地意义,因此两台路由上的 OSPF 协议在配置的时候进程号可以不同,但区域号必须相同,表示两个路由器处于同一个区域中。

(3)给终端 PC 配置 IP 地址。

表 11-1　终端 IP 地址表

PC	IP 地址	子网掩码	默认网关
PC0	192.168.1.1	255.255.255.0	192.168.1.254
PC1	192.168.1.2	255.255.255.0	
PC2	192.168.3.1	255.255.255.0	192.168.3.254
PC3	192.168.3.2	255.255.255.0	

3. 结果验证

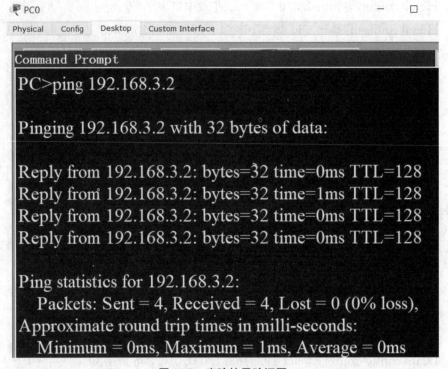

图 11-2 实验结果验证图

11. 3 实验思考

(1)通过配置动态路由协议 OSPF 实现如下网络拓扑的互通。

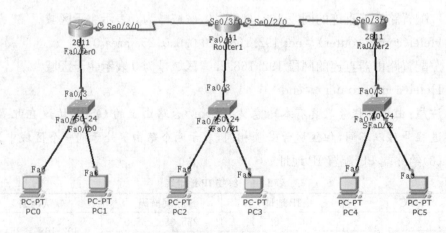

(2)OSPF 与 RIP 相比有哪些优点?

实验 12 PPP 协议的配置

12.1 实验目的

(1)理解 PPP 协议的工作原理。

(2)掌握 PPP 协议的配置方法。

12.2 实验内容

12.2.1 知识背景

PPP(Point to Point Protocal,点到点协议)是为在同等单元之间传输数据包这样的简单链路设计的链路层协议。这种链路提供全双工操作,并按照顺序传递数据包。设计目的主要是用来通过拨号或专线方式建立点对点连接发送数据,使其成为各种主机、网桥和路由器之间简单连接的一种共通的解决方案。点对点协议(PPP)为在点对点连接上传输多协议数据包提供了一个标准方法。

PPP 协议是一种点对点串行通信协议,面向字符类型,具有处理错误检测、支持多个协议、允许在连接时刻协商 IP 地址、允许身份认证等功能,还提供成帧、链路控制协议 LCP、网络控制协议 NCP 等 3 类功能。

PPP 协议提供两种验证方式,一种是 PAP,另一种是 CHAP。相对来说,PAP 的认证方式安全性没有 CHAP 高。PAP 传输的 password 是明文的,而CHAP 在传输过程中不传输密码,而是用 hash(哈希)值取代密码传输。PAP 认证是通过两次握手实现的,而 CHAP 是通过 3 次握手实现的。PAP 认证是被叫提出连接请求,主叫响应。而 CHAP 是主叫发出请求,被叫回复一个数据包,这个包里面有主叫发送的随机哈希值,主叫在数据库中确认无误后发送一个连接成功的数据包连接。

12.2.2 实验任务

通过路由器的配置,实现两路由器的 PPP 专线连接。

12.2.3 实验步骤

1. 创建实验网络拓扑

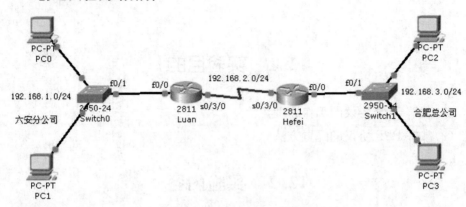

图 12-1   实验网络拓扑图

2. 实验主要配置

(1)Luan 路由器上的配置。

Router>en

Router#conf t

Router(config)#hostname Luan   //更改路由器的名称为 Luan

Luan(config)#int s0/3/0

Luan(config-if)#descrip link to Hefei

　　　　　　　　　　　　//描述串口 s0/3/0 连接到 Hefei 路由器

Luan(config-if)#ip add 192.168.2.1 255.255.255.0

　　　　　　　　　　　　//给串口 s0/3/0 配置 IP 地址

Luan(config-if)#encap ppp　　　　//使用 PPP 协议封装串口 s0/3/0

Luan(config-if)#ppp authen chap //设置 PPP 协议的验证方式为 chap

Luan(config-if)#no shut　　　　　//打开串口 s0/3/0

Luan(config-if)#exit

Luan(config)#username Hefei password 123   //在路由器上创建一组账户

Luan(config)#int f0/0

Luan(config-if)#ip add 192.168.1.254 255.255.255.0

　　　　　　　　　　　　//给 f0/0 端口配置 IP 地址

Luan(config-if)#no shut

Luan(config-if)#exit

Luan(config)#router rip

//在路由器上启用动态路由协议 RIP,并进行配置

Luan(config-router)#version 2

Luan(config-router)#net 192. 168. 2. 0

Luan(config-router)#net 192. 168. 1. 0

Luan(config-router)#end

Luan#

(2)Hefei 路由器上的配置。

Router>en

Router#conf t

Router(config)#host Hefei   //更改路由器的名称为 Hefei

Hefei(config)#int s0/3/0

Hefei(config-if)#descrip link to Luan

                    //描述串口 s0/3/0 连接到 Luan 路由器

Hefei(config-if)#ip add 192. 168. 2. 2 255. 255. 255. 0

                    //给串口 s0/3/0 配置 IP 地址

Hefei(config-if)#encap ppp   //使用 PPP 协议封装串口 s0/3/0

Hefei(config-if)#ppp authen chap //设置 PPP 协议的验证方式为 chap

Hefei(config-if)#no shut

Hefei(config-if)#clock rate 64000 //配置串口 s0/3/0 的时钟频率

Hefei(config-if)#exit

Hefei(config)#user Luan pass 123//在路由器上创建一组账户

Hefei(config)#int f0/0

Hefei(config-if)#ip add 192. 168. 3. 254 255. 255. 255. 0

                    //给 f0/0 端口配置 IP 地址

Hefei(config-if)#no shut

Hefei(config-if)#exit

Hefei(config)#router rip

//在路由器上启用动态路由协议 RIP,并进行配置

Hefei(config-router)#version 2

Hefei(config-router)#net 192. 168. 3. 0

Hefei(config-router)#net 192. 168. 2. 0

Hefei(config-router)#end

Hefei#

（3）给终端 PC 配置 IP 地址。

表 12-1 终端 IP 地址表

PC	IP 地址	子网掩码	默认网关
PC0	192.168.1.1	255.255.255.0	192.168.1.254
PC1	192.168.1.2	255.255.255.0	
PC2	192.168.3.1	255.255.255.0	192.168.3.254
PC3	192.168.3.2	255.255.255.0	

3. 结果验证

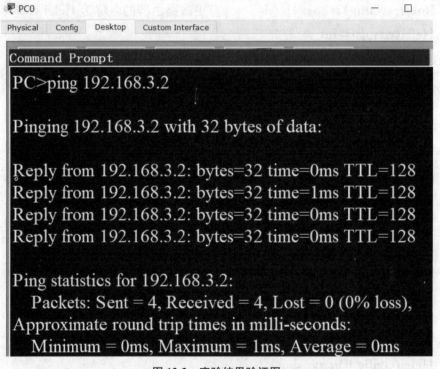

图 12-2 实验结果验证图

12.3 实验思考

（1）配置 PPP 协议的主要目的是什么？

（2）PPP 协议配置时需要注意什么？为什么？

实验 13 利用帧中继创建虚电路

13.1 实验目的

(1)理解虚电路的工作方式。

(2)理解帧中继的工作方式。

(3)掌握如何利用帧中继设备创建虚电路。

13.2 实验内容

13.2.1 知识背景

帧中继是一个提供连接并且能够支持多种协议、多种应用的多个地点之间进行通信的广域网技术,它定义了在公共数据网上发送数据的流程,属于高性能、高速率的数据连接技术。帧中继使用高级数据链路控制协议(HDLC),在被连接的设备之间管理虚电路(PVC),并用虚电路为面向连接的服务建立连接。在 OSI 参考模型中,它工作在物理层和数据链路层,依靠上层协议(如 TCP)来提供纠错功能。作为用户和网络设备之间的接口,帧中继提供了一种多路复用的手段。可以为每对数据终端设备分配不同的 DLCI(数据链路连接标识符)、共享物理介质,从而建立许多逻辑数据会话过程(即虚电路)。

通过帧中继连接路由器时,必须在路由器上对物理端口进行配置,所以要进入接口配置模式。

(1)选择一种帧中继类型,即封装帧中继。

Rt(config-if)#encapsulation frame-relay {cisco|ietf}

(2)对 DCE 配置时钟频率。

Router(config-if)#clock rate 频率值

(3)指定 LMI 类型。

Router(config-if)#frame-relay lmi-type{ansi | ciso | q933a}

(4)配置物理接口类型。

Router(config-if)#frame-relay intf-type{dce | dte}

(5)配置帧中继映射。

Rt(config-if)♯frame-relay route dlci-id1 interface Serial-id dlci-id2

（6）打开接口。

Router(config-if)♯no shutdown

①路由器物理接口的子接口配置模式如下：

Router （ config ） ♯ interface serial slot-number/interface-number.
Subinterface-number〈point-to-point | multipoint〉

例如：Router(config)♯interface serial 0/0.1 point-to-point

点对点：如果希望路由器转发它接受到的广播信息和路由更新消息，且每一对连接都是一个独立的子网，则选择 point-to-point；

多点：如果希望路由器不转发它接受到的广播信息和路由更新消息，且所有点对点的连接属于一个子网，则选择 multipoint。

②为子接口配置网络层地址。

Router(config-subif)♯ ip address ip-address mask

③为子接口配置一个本地 DLCI，以区分它与物理接口。

Router(config-subif)♯ frame -relay interface-dlci dlci-number

例如：Router(config-subif)♯ frame-relay interface-dlci 100

13.2.2　实验任务

利用帧中继创建虚电路。

13.2.3　实验步骤

1.创建实验网络拓扑

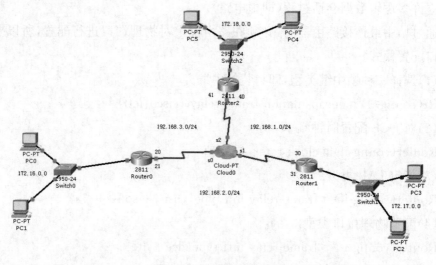

图 13-1　实验网络拓扑图

2. 实验主要配置

(1)Router0 的主要配置。

Router＞en

Router♯conf t

Router(config)♯host router0　　　　　　//给该路由器命名为 router0

router0(config)♯int s0/3/0

router0(config-if)♯encap framey-relay//对串口 s0/3/0 进行帧中继封装

router0(config-if)♯no shut

router0(config-if)♯int s0/3/0.1 point-to-point

//进入子接口 s0/3/0.1,参数为 point-to-point

router0(config-subif)♯ip add 192.168.2.2 255.255.255.0

//给子接口 s0/3/0.1 配置 IP

router0(config-subif)♯frame-relay interface-dlci 21　　//定义 dlci 标识号为 21

router0(config-subif)♯int s0/3/0.2 point-to-point

//进入子接口 s0/3/0.2,参数为 point-to-point

router0(config-subif)♯ip add 192.168.3.2 255.255.255.0

//给子接口 s0/3/0.2 配置 IP

router0(config-subif)♯frame-relay interface-dlci 20　　//定义 dlci 标识号为 21

router0(config-subif)♯exit

router0(config)♯int f0/0

router0(config-if)♯ip add 172.16.0.1 255.255.0.0　　//给端口 f0/0 分配 IP

router0(config-if)♯no shut

router0(config-if)♯exit

router0(config)♯router rip　　　　　　　//在路由器上配置动态路由协议 rip

router0(config-router)♯version 2

router0(config-router)♯net 172.16.0.0

router0(config-router)♯net 192.168.2.0

router0(config-router)♯net 192.168.3.0

router0(config-router)♯end

(2)Router1 的主要配置。

Router＞en

Router♯conf t

Router(config)♯host router1　　　　　　　//给该路由器命名为 router1

router1(config)♯int s0/3/0

router1(config-if)♯no shut

router1(config-if)♯encap frame-relay　　//对串口 s0/3/0 进行帧中继封装

router1(config-if)♯

router1(config-if)♯int s0/3/0.1 point-to-point

//进入子接口 s0/3/0.1,参数为 point-to-point

router1(config-subif)♯ip add 192.168.1.2 255.255.255.0

//给子接口 s0/3/0.1 配置 IP

router1(config-subif)♯frame-relay interface-dlci 30　　//定义 dlci 标识号为 30

router1(config-subif)♯int s0/3/0.2 point-to-point

//进入子接口 s0/3/0.2,参数为 point-to-point

router1(config-subif)♯ip add 192.168.2.1 255.255.255.0

//给子接口 s0/3/0.2 配置 IP

router1(config-subif)♯frame-relay interface-dlci 31

//定义 dlci 标识号为 31

router1(config-subif)♯exit

router1(config)♯int f0/0

router1(config-if)♯ip add 172.17.0.1 255.255.0.0　　//给端口 f0/0 分配 IP

router1(config-if)♯no shut

router1(config-if)♯exit

router1(config)♯router rip　　　　　　　　//在路由器上配置动态路由协议 rip

router1(config-router)♯version 2

router1(config-router)♯net 172.17.0.0

router1(config-router)♯net 192.168.2.0

router1(config-router)♯net 192.168.1.0

router1(config-router)♯end

router1♯

(3)Router2 的主要配置。

Router>en

Router♯conf t

Router(config)♯host router2　　　　　　　//给该路由器命名为 router2

router2(config)♯int s0/3/0

router2(config-if)♯encap frame-relay　　//对串口 s0/3/0 进行帧中继封装

router2(config-if)♯no shut

router2(config)♯int s0/3/0.1 point-to-point

//进入子接口 s0/3/0.1,参数为 point-to-point

router2(config-subif)♯ip add 192.168.1.1 255.255.255.0

//给子接口 s0/3/0.1 配置 IP

router2(config-subif)♯frame-relay interface-dlci 40

//定义 dlci 标识号为 40

router2(config-subif)♯int s0/3/0.2 point-to-point

//进入子接口 s0/3/0.2,参数为 point-to-point

router2(config-subif)♯ip add 192.168.3.1 255.255.255.0

//给子接口 s0/3/0.2 配置 IP

router2(config-subif)♯frame-relay interface-dlci 41

//定义 dlci 标识号为 41

router2(config-subif)♯exit

router2(config)♯int f0/0

router2(config-if)♯ip add 172.18.0.1 255.255.0.0   //给端口 f0/0 分配 IP

router2(config-if)♯no shut

router2(config-if)♯exit

router2(config)♯router rip   //在路由器上配置动态路由协议 rip

router2(config-router)♯version 2

router2(config-router)♯net 172.18.0.0

router2(config-router)♯net 192.168.1.0

router2(config-router)♯net 192.168.3.0

router2(config-router)♯end

router2♯

(4)DLCI 映射设置。

把三台路由器的串口上定义的 DLCI 映射到帧中继对应的串口上,具体配置如下:

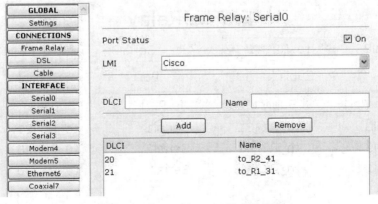

图 13-2 serial0 的 DLCI 号映射结果

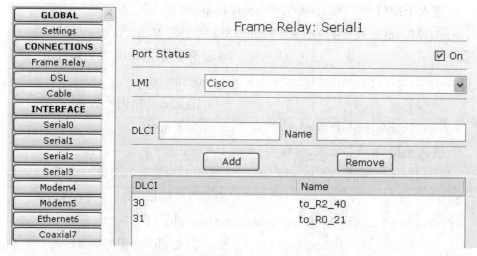

图 13-3 serial1 的 DLCI 号映射结果

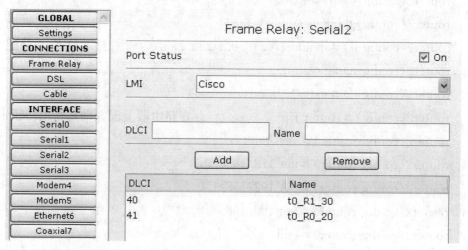

图 13-4 serial2 的 DLCI 号映射结果

(5)建立虚电路。

在帧中继映射表中建立三条映射即虚电路,具体如下:

Frame Relay

Serial0	to_R2_41	<->	Serial0	to_R2_41
Port	Sublink		Port	Sublink

From Port	Sublink	To Port	Sublink
Serial0	to_R1_31	Serial1	to_R0_21
Serial0	to_R2_41	Serial2	t0_R0_20
Serial1	to_R2_40	Serial2	t0_R1_30

图 13-5 在帧中继表中建立三条虚电路结果图

（6）配置终端 IP 地址。

表 13-1 终端 IP 地址配置表

PC 机	IP 地址	网关地址
PC0	172.16.0.2	172.16.0.1
PC1	172.16.0.3	
PC2	172.17.0.2	172.17.0.1
PC3	172.17.0.3	
PC4	172.18.0.2	172.18.0.1
PC5	172.18.0.3	

3. 结果测试

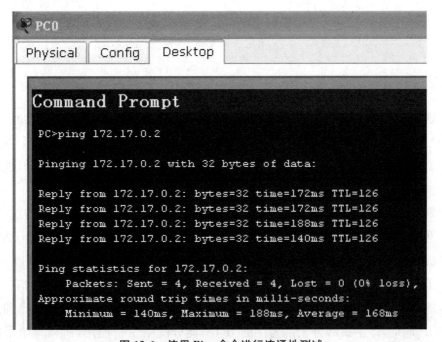

图 13-6 使用 Ping 命令进行连通性测试

13.3 实验思考

（1）配置帧中继的目的是什么？

（2）在什么情况下需要配置帧中继？

（3）配置帧中继时需要注意什么？

实验 14 子网划分实验

14.1 实验目的

(1)理解子网划分的意义。
(2)掌握子网划分的方法。
(3)掌握子网划分后网络中的相关配置。

14.2 实验内容

14.2.1 知识背景

划分子网是在 IP 地址中增加一个"子网号字段",使两级的 IP 地址变成三级的 IP 地址。划分子网是一个单位内部的事情。对外单位仍然表现为一个整体的网络。从主机号借用若干个位作为子网号(subnet-id),而主机号(host-id)也就相应减少了若干个位。

划分子网时,随着子网地址借用主机位数的增多,子网的数目随之增加,而每个子网中的可用主机数逐渐减少。以 C 类网络为例,原有 8 位主机位,2^8,即 256 个主机地址,默认子网掩码为 255.255.255.0。借用 1 位主机位可产生 2 个子网,每个子网有 126 个主机地址;借用 2 位主机位可产生 4 个子网,每个子网有 62 个主机地址……每个网中,第一个 IP 地址(即主机部分全部为 0 的 IP 地址)和最后一个 IP 地址(即主机部分全部为 1 的 IP)不能分配给主机使用,所以每个子网的可用 IP 地址数为总 IP 地址数减 2;根据子网 ID 借用的主机位数,我们可以计算出划分的子网数、子网掩码、每个子网的主机数,举例如下:

表 14-1 子网划分示例表

划分子网数	子网位数	子网掩码(二进制)	子网掩码(十进制)	子网的主机数
1~2	1	11111111.11111111.11111111.10000000	255.255.255.128	126
3~4	2	11111111.11111111.11111111.11000000	255.255.255.192	62
5~8	3	11111111.11111111.11111111.11100000	255.255.255.224	30
9~16	4	11111111.11111111.11111111.11110000	255.255.255.240	14
17~32	5	11111111.11111111.11111111.11111000	255.255.255.248	6
33~64	6	11111111.11111111.11111111.11111100	255.255.255.252	2
65~128	7	11111111.11111111.11111111.11111110	255.255.255.254	0

在表 14-1 所示的 C 类网络中,当子网占用 7 位主机位时,主机位只剩 1 位,无论设为 0 还是 1,都意味着主机位全是 0 或 1。由于主机位全 0 表示本网络,全 1 表示广播地址,这时子网实际没有可用主机地址,因此主机位至少应保留 2 位。划分子网的计算步骤为:

(1)确定要划分的子网数;

(2)求出子网数目对应二进制数的位数 N 及主机数目对应二进制数的位数 M;

(3)将该 IP 地址的原子网掩码的主机地址部分的前 N 位取 1 或后 M 位取 0,即可得出该 IP 地址划分子网后的子网掩码。

14.2.2　实验任务

现有一台路由器连接了三个网段,分别为网 1、网 2 和网 3,现给出一个地址块:192.168.1.0/24,要求配置整个网络拓扑,实现网 1、网 2 和网 3 的连通。

14.2.3　实验步骤

1.创建实验网络拓扑

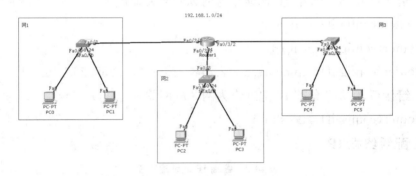

图 14-1　实验网络拓扑图

2.子网计算

由于现在只有一个地址块 192.168.1.0/24,而给出的网络拓扑有三个网段,因此,需要在地址块 192.168.1.0/24 基础上划出三个地址块,完成子网划分。

前缀变长 2 位,地址块可划分出四个子网,分别为:192.168.1.0/26;192.168.1.64/26;192.168.1.128/26;192.168.1.192/26。

从四个地址块中任选 3 个地址块分别分配给网 1、网 2 和网 3,这里选择前三个地址块分别分配给网 1、网 2 和网 3,即:

网 1:192.168.1.0/26。

有效 IP 地址段为:192.168.1.1～192.168.1.62。

子网掩码为:255.255.255.192。

网 2:192.168.1.64/26。

有效 IP 地址段为:192.168.1.65～192.168.1.126。

子网掩码为:255.255.255.192。

网 3:192.168.1.128/26。

有效 IP 地址段为:192.168.1.129～192.168.1.190。

子网掩码为:255.255.255.192。

3. 路由器的配置

Router>en

Router#conf t

Router(config)#int f0/3/0

Router(config-if)#ip address 192.168.1.62 255.255.255.192

//给接口 f0/3/0 分配 IP 地址作为网 1 的网关地址

Router(config-if)#no shut

Router(config)#int f0/3/1

Router(config-if)#ip address 192.168.1.126 255.255.255.192

//给接口 f0/3/1 分配 IP 地址作为网 2 的网关地址

Router(config-if)#no shut

Router(config)#int f0/3/2

Router(config-if)#ip address 192.168.1.190 255.255.255.192

//给接口 f0/3/2 分配 IP 地址作为网 3 的网关地址

Router(config-if)#no shut

4. 配置终端 IP

表 14-2　终端 IP 地址配置表

终端 PC	IP 地址	默认网关地址
PC0	192.168.1.1	192.168.1.62
PC1	192.168.1.2	
PC2	192.168.1.65	192.168.1.126
PC3	192.168.1.66	
PC4	192.168.1.129	192.168.1.190
PC5	192.168.1.130	

5. 实验测试

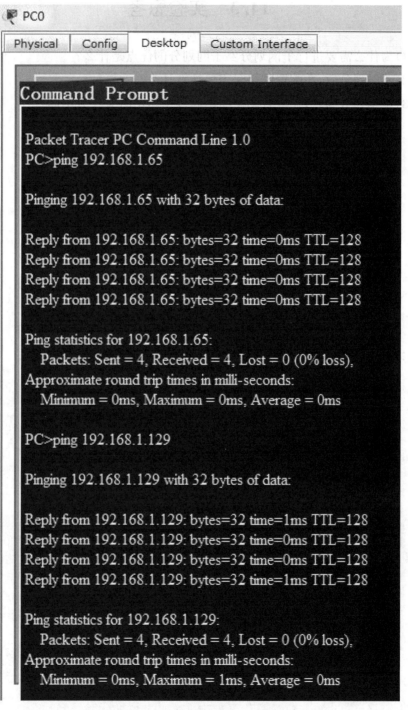

图 14-2 三个网段连通性测试图

14.3　实验思考

(1)为什么需要进行子网划分？子网划分的优点是什么？

(2)子网划分后,在配置网络时需要注意什么?

(3)子网划分与否,在配置动态路由和静态路由时有什么不同?

实验 15　网络安全策略的配置
——标准 ACL

15.1　实验目的

(1)了解标准 ACL 的功能和含义。

(2)理解标准 ACL 的工作流程。

(3)掌握标准 ACL 的配置步骤和方法。

15.2　实验内容

15.2.1　知识背景

ACL 是一种路由器配置脚本,它根据从数据包报头中发现的条件来控制路由器应该允许还是拒绝数据包通过。标准 ACL 根据源 IP 地址允许或拒绝流量。标准 ACL 的配置步骤如下:

Step 1:通过指定访问列表编号或名称以及访问条件来创建访问列表。

标准 ACL 创建命令的完整语法如下:

Router(config)♯access-list access-list-number deny/permit source [source-wildcard]

注意:其中标准 ACL 的编号范围为 1～99 或 1300～1999。

Step 2:将 ACL 应用到接口或终端线路。

标准 ACL 应用命令的语法如下:

Router(config-if)♯ip access-group {access-list-number ｜ access-list-name} {in ｜ out}

15.2.2　实验任务

通过配置标准 ACL,实现允许 PC0 和 PC2 连通,禁止 PC1 和 PC2 连通。

15.2.3　实验步骤

1.创建实验网络拓扑

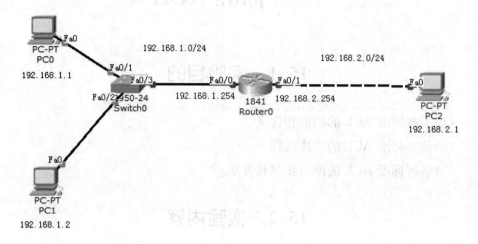

图 15-1　实验网络拓扑图

2.网络的连通配置

Router>en

Router#conf t

Router(config)#int f0/0

Router(config-if)#no shut

Router(config-if)#ip address 192.168.1.254 255.255.255.0

//给端口 f0/0 配置 IP

Router(config-if)#int f0/1

Router(config-if)#no shut

Router(config-if)#ip address 192.168.2.254 255.255.255.0

//给端口 f0/1 配置 IP

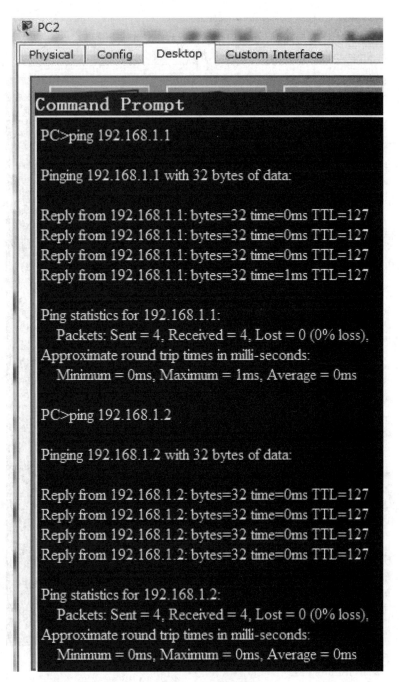

图 15-2　连通性结果

3. 标准 ACL 的配置

Router(config)♯access-list 1 permit 192.168.1.1 0.0.0.0 ｝创建一个编号

Router(config)♯access-list 1 deny host 192.168.1.2 　　｝为 1 的标准 ACL

Router(config)♯int f0/1

Router(config-if)♯ip access-group 1 out　　//把创建的 ACL 应用到接口 f0/1 上

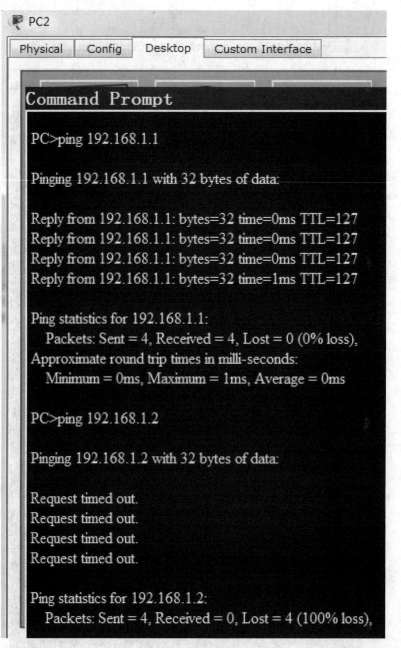

图 15-3　连通性测试

15.3　实验思考

(1)标准 ACL 主要的过滤数据包的标准是什么?

(2)在什么情况下需要用到标准 ACL?

(3)配置标准 ACL 时需要注意什么?

实验 16 网络安全策略的配置
——扩展 ACL

16.1 实验目的

(1)了解扩展 ACL 的功能和含义。

(2)理解扩展 ACL 的工作流程。

(3)掌握扩展 ACL 的配置步骤和方法。

16.2 实验内容

16.2.1 知识背景

扩展访问列表(ACL)可根据多种属性,如源地址、目的地址、协议、端口、服务等,来过滤数据包。扩展 ACL 的配置步骤如下:

Step 1:通过指定访问列表编号或名称以及访问条件来创建扩展访问列表。扩展 ACL 创建命令的完整语法如下:

Router(config)♯access-list 编号 deny/permit 源地址［源地址通配符掩码］［操作符］［端口号|服务名］目的地址［目的地址地址通配符掩码］［操作符］［端口号|服务名］

注意:其中扩展 ACL 的编号范围:100～199 或 2000～2699,操作符为:eq(等于),neq(不等于),lt(小于),gt(大于),range(范围)。

Step 2:将 ACL 应用到接口或终端线路。扩展 ACL 应用命令的语法如下:

Router(config-if)♯ip access-group〈编号 | 名称〉〈in | out〉

16.2.2 实验任务

在局域网中,PC0 可以通过 WEB 访问 WEB 服务器,其他主机不可以通过 WEB 访问 WEB 服务器,但其他流量可以访问,通过配置实现。

16.2.3 实验步骤

1. 创建实验网络拓扑

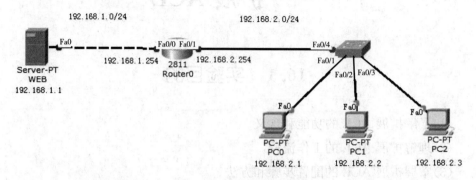

图 16-1 实验网络拓扑图

2. 网络连通性配置

Router>en

Router#conf t

Router(config)#int f0/0

Router(config-if)#no shut

Router(config-if)#ip address 192.168.1.254 255.255.255.0

//给端口 f0/0 配置 IP

Router(config-if)#int f0/1

Router(config-if)#no shut

Router(config-if)#ip address 192.168.2.254 255.255.255.0

//给端口 f0/1 配置 IP

3. 扩展 ACL 的配置

Router(config)#access-list 100 permit tcp host 192.168.2.1 host 192.168.1.1 eq 80

Router(config)#access-list 100 deny tcp 192.168.2.0 0.0.0.255 host 192.168.1.1 eq 80

Router(config)#access-list 100 permit ip any any

Router(config)#int f0/0

Router(config-if)#ip access-group 100 out

4. 实验结果验证

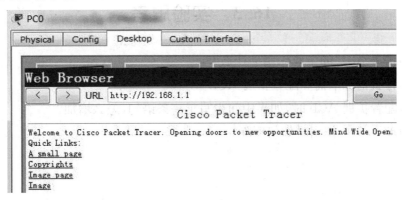

图 16-2 PC0 可以通过 WEB 访问服务器

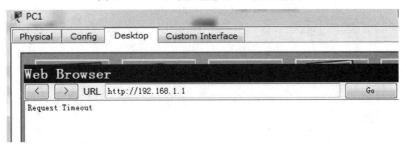

图 16-3 其他主机如 PC1 不能通过 WEB 访问服务器

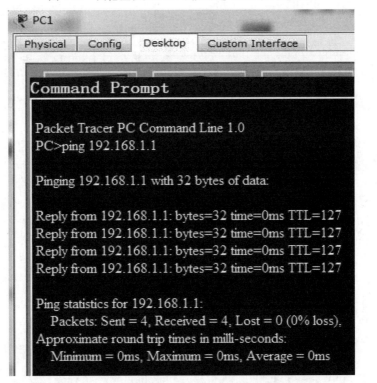

图 16-4 其他主机如 PC1 可通过 ping 访问服务器

16.3　实验思考

(1)扩展 ACL 的主要作用是什么?

(2)什么情况下需要配置扩展 ACL?

(3)配置扩展 ACL 时,如果中间少写了一条语句,怎么增加?

(4)ACL 不再使用时如何删除?

实验 17 NAT 实验

17.1 实验目的

(1)了解 NAT 产生的背景,理解 NAT 的工作原理。

(2)理解并掌握 NAT 的分类及每种 NAT 的配置方式和应用场景。

17.2 实验内容

17.2.1 知识背景

IP 地址分为公有地址和私有地址,私有地址只允许在内部网络使用,不能在公网上使用。NAT(网络地址转换)技术的产生使得内部使用私有地址的主机可以访问外部互联网。NAT 将不可路由的私有内部地址转换成可路由的公有地址,让网络能使用私有 IP 地址,从而有效节省了 IP 地址的使用数量。NAT 对外部网隐藏了内部 IP 地址,在一定程度上增加了网络的私密性和安全性。

NAT 技术分为静态转换 NAT、动态转换 NAT、端口地址转换 PAT 等 3 类。

①静态 NAT:建立本地地址与全局地址的一一映射,这些映射保持不变。它适用于必须具有一致的地址,可从 Internet 访问的 Web 服务器或主机的情形。

②动态 NAT:建立一个公有地址池,并以先到先得的原则分配其中的地址。当具有私有 IP 地址的主机请求访问 Internet 时,动态 NAT 从地址池中选择一个未被其他主机占用的 IP 地址。

③端口地址转换 PAT:将多个私有 IP 地址映射到一个或少数几个公有 IP 地址。每个私有地址可以用端口号进行跟踪。

(1)静态 NAT 的配置步骤。

①ip nat inside source static 内部私有地址　外部公有地址

//建立静态 NAT 转换

②interface 内部接口　 //进入边界路由连接内网的接口

③ip nat inside　 //把连接内网的接口标记为内部连接

④interface 外部接口　 //进入边界路由连接外网的接口

⑤ip nat outside　 //把连接外网的接口标记为内部连接

(2)动态 NAT 的配置步骤。

①ip nat pool 池名 起始地址 结束地址 netmask 子网掩码 　//创建公有地址池

②access-list 编号 permit 源地址 源地址的通配符掩码

//确定允许被转换的地址

③ip nat inside source list 编号 pool 池名 　//建立动态 NAT

④interface 内部接口 　//进入边界路由连接内网的接口

⑤ip nat inside 　//把连接内网的接口标记为内部连接

⑥interface 外部接口 　//进入边界路由连接外网的接口

⑦ip nat outside 　//把连接外网的接口标记为内部连接

(3)端口地址转换 PAT 的配置步骤。

①access-list 编号 permit 源地址 源地址的通配符掩码

//确定允许被转换的地址

②ip nat inside source list 编号 interface 对外端口号 overload //建立 PAT

③interface 内部接口 　//进入边界路由连接内网的接口

④ip nat inside 　//把连接内网的接口标记为内部连接

⑤interface 外部接口 　//进入边界路由连接外网的接口

⑥ip nat outside 　//把连接外网的接口标记为内部连接

17.2.2　实验 1:静态 NAT 实验

1. 创建实验网络拓扑

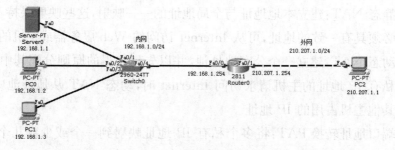

图 17-1　实验网络拓扑图

2. 实验配置

(1)网络连通性配置。

Router>en

Router# conf t

Router(config)# int f0/0

Router(config-if)# ip address 192.168.1.254 255.255.255.0

Router(config-if)# no shut

Router(config-if)♯int f0/1

Router(config-if)♯ip address 210. 207. 1. 254 255. 255. 255. 0

Router(config-if)♯no shut

(2)静态 NAT 配置。

Router(config)♯ip nat inside source static 192. 168. 1. 1 210. 207. 1. 100

Router(config)♯int f0/0

Router(config-if)♯ip nat inside

Router(config-if)♯int f0/1

Router(config-if)♯ip nat outside

3. 结果测试

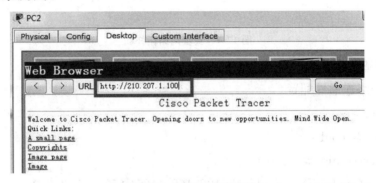

图 17-2　实验 1 结果 1

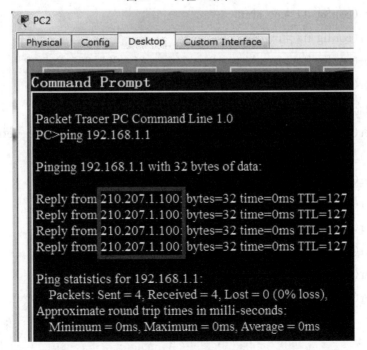

图 17-3　实验 1 结果 2

17.2.3　实验2:动态NAT实验

1.创建实验网络拓扑

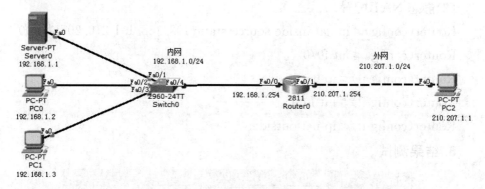

图17-4　实验网络拓扑图

2.实验配置

(1)网络连通性配置。

Router>en

Router# conf t

Router(config)#int f0/0

Router(config-if)#ip address 192.168.1.254 255.255.255.0

Router(config-if)#no shut

Router(config-if)#int f0/1

Router(config-if)#ip address 210.207.1.254 255.255.255.0

Router(config-if)#no shut

(2)动态NAT配置。

Router(config)#ip nat pool abc 210.207.1.2 210.207.1.3 netmask 255.255.255.0

Router(config)#access-list 1 permit 192.168.1.0 0.0.0.255

Router(config)#ip nat inside source list 1 pool abc

Router(config)#int f0/0

Router(config-if)#ip nat inside

Router(config-if)#int f0/1

Router(config-if)#ip nat outside

3. 结果测试

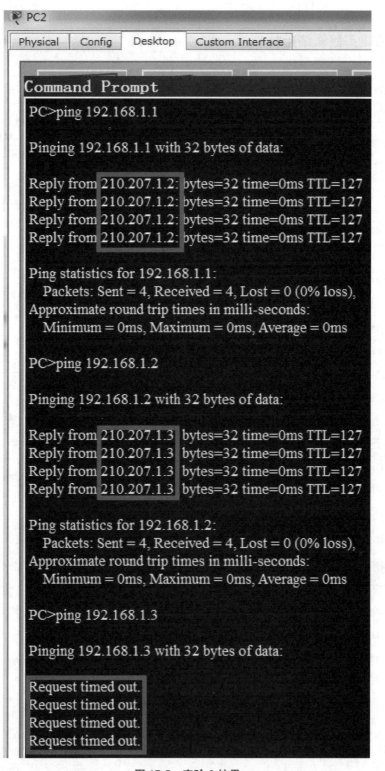

图 17-5　实验 2 结果

17.2.4   实验 3:PAT 实验

1. 创建实验网络拓扑

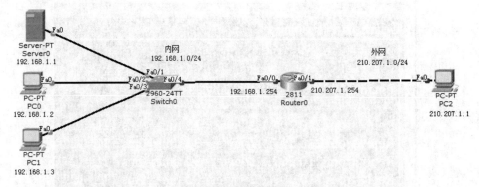

图 17-6   实验网络拓扑图

2. 实验配置

(1)网络连通性配置。

Router>en

Router# conf t

Router(config)#int f0/0

Router(config-if)#ip address 192.168.1.254 255.255.255.0

Router(config-if)#no shut

Router(config-if)#int f0/1

Router(config-if)#ip address 210.207.1.254 255.255.255.0

Router(config-if)#no shut

(2)PAT 配置。

Router(config)#access-list 1 permit 192.168.1.0 0.0.0.255

Router(config)#ip nat inside source list 1 interface fa0/1 overload

Router(config)#int f0/0

Router(config-if)#ip nat inside

Router(config-if)#int f0/1

Router(config-if)#ip nat outside

3. 结果测试

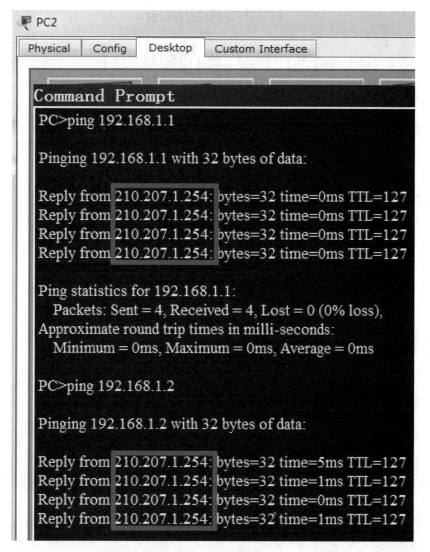

图 17-7 实验 3 结果 1

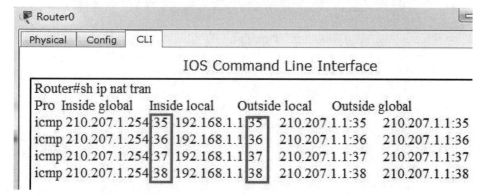

图 17-8 实验 3 结果 2

17.3　实验思考

(1)静态 NAT、动态 NAT 和 PAT 的应用场景分别是什么？请举例说明。

(2)配置 NAT 时,需要注意什么？

实验 18　无线路由的配置

18.1　实验目的

(1)了解无线局域网的工作原理和 SSID 服务标识集的意义。

(2)掌握常用认证加密方式接入及 WLAN 的基本配置。

18.2　实验内容

18.2.1　知识背景

无线局域网(WLAN)通过无线接入点（AP）代替以太网交换机将客户端连接到网络。WLAN 连接的通常是由电池供电的移动设备,而不是接到电源插座上的 LAN 设备。WLAN 使用的帧格式与有线以太网 LAN 使用的不同。由于射频可以覆盖设备的外部,因此 WLAN 会带来更多的隐私问题。

在实际应用中,WLAN 的接入方式很简单,以家庭 WLAN 为例,只需一个无线接入设备——路由器和一个具备无线功能的计算机或终端(手机或 PAD),而对于没有无线功能的计算机只需外插一个无线网卡即可。有了以上设备后,使用路由器将热点(其他已组建好且在接收范围的无线网络)或有线网络接入家庭,按照网络服务商提供的说明书进行路由配置,配置好后在家中覆盖范围内(WLAN 稳定的覆盖范围在 20～50 m)放置接收终端,打开终端的无线功能,输入服务商提供的用户名和密码,接入 WLAN 即可。

1. WLAN 的应用场景

WLAN 的典型应用场景有以下几种:

(1)大楼之间。在大楼之间建构网络的联结,取代专线,简单又便宜。

(2)餐饮及零售。餐饮服务业可使用无线局域网络产品,直接从餐桌即可输入并传送客人点菜内容至厨房、柜台。零售商在促销时,可使用无线局域网络产品设置临时收银柜台。

(3)医疗。使用附无线局域网络产品的手提式计算机可取得实时信息,医护人员可借此减少伤患救治的迟延、不必要的纸上作业、单据循环的迟延及误诊等,从而提升照顾伤患的品质。

（4）企业。当企业内的员工使用无线局域网络产品时，不管他们在办公室的任何一个角落，只要通过无线局域网络产品，就能随意地收发电子邮件、分享资料、上网浏览等。

（5）仓储管理。通过无线网络的应用，一般仓储人员能立即将盘点最新的资料输入计算机仓储系统。

（6）监视系统。一般应用于远方且现场需受监控的场所，由于这些场所布线困难，因此可通过无线网络将远方的影像传回主控站。

（7）展示会场。诸如一般的电子展、计算机展，由于网络需求极高，而且布线又会让会场显得凌乱，因此若能使用无线网络，则是再好不过的选择。

2. 无线局域网的特点

无线局域网具有如下特点：

（1）灵活性和移动性。在有线网络中，网络设备的安放位置受网络位置的限制，而无线局域网在无线信号覆盖区域内的任何一个位置都可以接入网络。无线局域网另一个最大的优点在于其移动性，连接到无线局域网的用户可以移动且能同时与网络保持连接。

（2）安装便捷。无线局域网可以免去或最大限度地减少网络布线的工作量，一般只要安装一个或多个接入点设备，就可建立覆盖整个区域的局域网络。

（3）易于进行网络规划和调整。对于有线网络来说，办公地点或网络拓扑的改变通常意味着重新建网。重新布线是一个昂贵、费时、浪费且琐碎的过程，无线局域网可以避免或减少以上情况的发生。

（4）故障定位容易。有线网络一旦出现物理故障，尤其是由于线路连接不良而造成的网络中断，往往很难查明，而且检修线路需要付出很大的代价。无线网络则很容易定位故障，只需更换故障设备即可恢复网络连接。

（5）易于扩展。无线局域网有多种配置方式，可以很快从只有几个用户的小型局域网扩展到上千用户的大型网络，并且能够提供节点间"漫游"等有线网络无法实现的特性。

3. 无线网络的缺点

无线局域网的不足之处体现在以下几个方面：

（1）性能易受影响。无线局域网是依靠无线电波进行传输的。这些电波通过无线发射装置进行发射。而建筑物、车辆、树木和其他障碍物都可能阻碍电磁波的传输，所以会影响网络的性能。

（2）速率较低。无线信道的传输速率与有线信道相比要低得多。无线局域网的最大传输速率为1 Gbit/s，只适合于个人终端和小规模网络应用。

（3）安全性较低。本质上无线电波不要求建立物理的连接通道，无线信号是发散的。从理论上讲,很容易监听到无线电波广播范围内的任何信号,造成通信信息泄漏。

18.2.2 实验任务

通过无线路由器的配置实现无线局域网的组建。

18.2.3 实验步骤

1. 创建实验网络拓扑

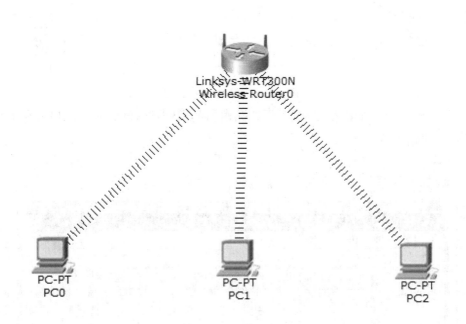

图 18-1 无线网络拓扑图

说明:三台 PC 无线连接 Wireless Router0 ,Router0 开启了 DHCP 服务,所以,三台 PC 为动态获取 IP。

2. 实验过程

(1)添加一台无线路由。

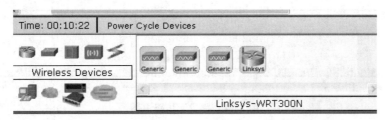

图 18-2 无线设备库

(2)添加三台 PC,任选其中一台,这里选择 PC0,用直通线连接到无线路由器上的局域网端口,设置 PC 的 IP 地址为 192.168.0.2,设置无线路由的管理 IP 为 192.168.0.1,并保持在一个网段。

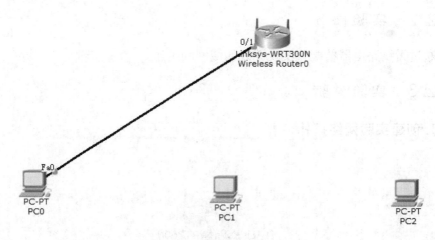

图 18-3 连接其中一台 PC

(3)打开 PC0 的浏览器,输入无线路由器的 IP 地址,然后输入用户名和密码,登录无线路由器。

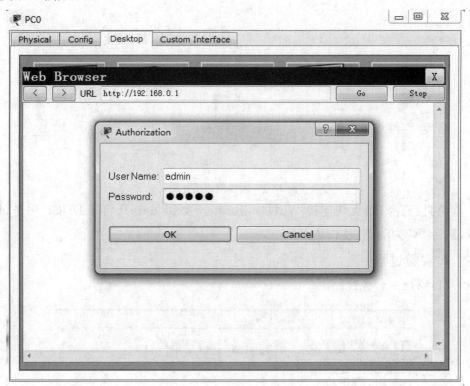

图 18-4 登录无线路由器

（4）设置无线路由器的 SSID。

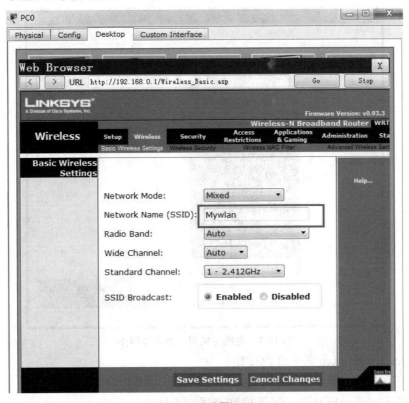

图 18-5　设置 SSID

（5）设置无线路由器的认证方式，这里选择 WEP，并输入认证密码。

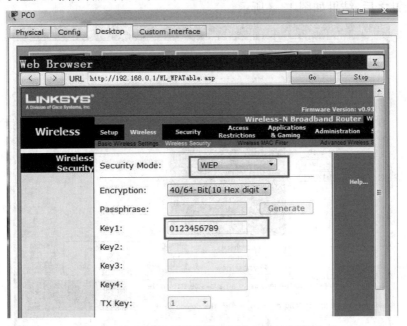

图 18-6　设置无线路由的认证方式及认证密码

（6）去掉所有 PC 上的有线网卡，更换为无线网卡。

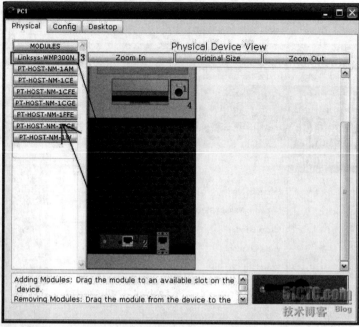

图 18-7 更换主机网卡为无线网卡

①关闭电源，点击那个红色按钮。

②将有线网卡拖拽到配件区域。

③将 Linksys-WMP300N 拖拽到有线网卡区。

④重新开启电源。

配置之后，结果如图 18-8 所示。

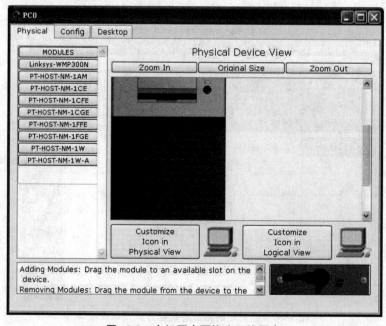

图 18-8 主机网卡更换为无线网卡

(7)点击 PC 的无线网卡,并进行配置。

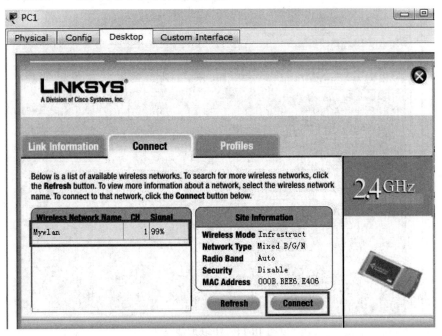

图 18-9　接收无线路由的 SSID

(8)连接 SSID,输入认证密码,即可连接到无线路由器,完成 WLAN 组建。

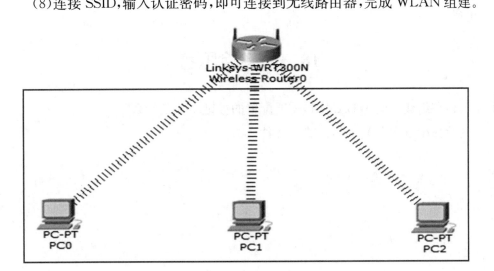

图 18-10　WLAN 组建成功示意图

此时可以在任意一台 PC 上执行 ipconfig 命令。

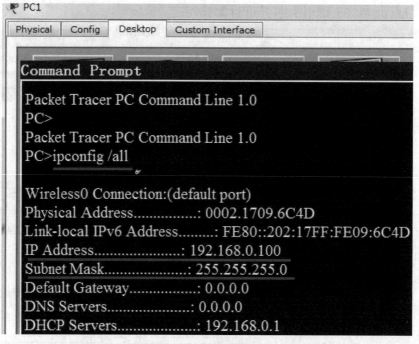

图 18-11   IP 获取情况

从以上结果中可以发现,PC1 已经自动获取了 IP 地址,证明它与无线路由通信正常。

18.3   实验思考

(1)在组建家庭 WLAN 时,需要配置的关键步骤是什么?
(2)在配置 WLAN 时,需要注意什么?

实验 19　中小型网络设计实验

19.1　实验目的

(1)本实验锻炼综合利用所学知识设计网络的能力。

(2)本实验使学生了解常见中小型企业网络具有的功能。

19.2　实验内容

19.2.1　实验任务

根据中小型企业网常见的需求模拟如下功能：

(1)不同的部门通过不同的 VLAN 来加以实现。

(2)部门中的终端 IP 采用动态方式获取。

(3)企业网内 IP 地址采用私有地址节约地址空间。

(4)访问外网在边界路由上进行动态地址转换技术。

(5)网络设备可以进行远程访问。

(6)企业内服务器可提供 WEB、DHCP、DNS 等网络服务。

19.2.2　实验步骤

1. 创建实验网络拓扑

针对需求创建参考实验网络拓扑，如图 19-1 所示。

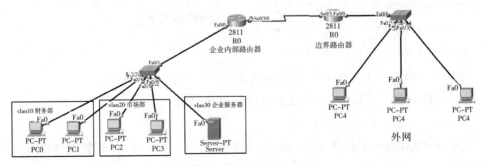

图 19-1　实验网络拓扑图

2. 终端 IP 规划

表 19-1　终端 IP 规划表

终端设备	IP 地址段	网关地址
PC0	192.168.1.0/24	192.168.1.254
PC1		
PC2	192.168.2.0/24	192.168.2.254
PC3		
PC4	210.207.1.1	210.207.1.254
PC5	210.207.1.2	
PC6	210.207.1.3	
Server	192.168.3.1	192.168.3.254
内网交换机	192.168.4.1	192.168.4.254

3. 实验配置命令

(1)在交换机划分 VLAN,进行部门分割。

Switch>en

Switch#conf t

Switch(config)#vlan 10

Switch(config-vlan)#vlan 20 }财务部、市场部、企业服务器 VLAN

Switch(config-vlan)#vlan 30

Switch(config-vlan)#int range f0/2-3

Switch(config-if-range)#switch access vlan 10 }财务部

Switch(config-if-range)#int range f0/4-5

Switch(config-if-range)#switch access vlan 20 }市场部

Switch(config-if-range)#int f0/6

Switch(config-if)#switch access vlan 30 }企业服务器

Switch(config-if)#int f0/1

Switch(config-if)#switch mode trunk

(2)在路由器上配置 VLAN 及交换机的网关地址。

Router(config-if)#int f0/0.1

Router(config-subif)#encap dot1q 10 }配置财务部网关

Router(config-subif)#ip address 192.168.1.254 255.255.255.0

Router(config-subif)♯int f0/0.2

Router(config-subif)♯encap dot1q 20 配置市场部网关

Router(config-subif)♯ip address 192.168.2.254 255.255.255.0

Router(config-subif)♯int f0/0.3

Router(config-subif)♯encap dot1q 30 配置企业服务器网关

Router(config-subif)♯ip address 192.168.3.254 255.255.255.0

Router(config-subif)♯int f0/0.4

Router(config-subif)♯encap dot1q 1 配置交换机网关

Router(config-subif)♯ip address 192.168.4.254 255.255.255.0

（3）配置路由器的接口地址。

Router(config-subif)♯int s0/3/0

Router(config-if)♯ip address 192.168.5.1 255.255.255.0 配置内部路由器

Router(config-if)♯no shut

Router(config-if)♯clock rate 64000

Router(config)♯int s0/3/0

Router(config-if)♯no shut

Router(config-if)♯ip address 192.168.5.2 255.255.255.0 配置边界路由器

Router(config-if)♯int f0/0

Router(config-if)♯no shut

Router(config-if)♯ip address 210.207.1.254 255.255.255.0

（4）配置路由器的路由协议。

Router(config)♯router rip

Router(config-router)♯version 2

Router(config-router)♯net 192.168.1.0

Router(config-router)♯net 192.168.2.0 在内部路由器上配置 RIP 协议

Router(config-router)♯net 192.168.3.0

Router(config-router)♯net 192.168.4.0

Router(config-router)♯net 192.168.5.0

Router(config)♯router rip

Router(config-router)♯version 2

Router(config-router)♯net 192.168.5.0 在边界路由器上配置 RIP 协议

Router(config-router)♯net 210.207.1.0

（5）在服务器上配置 DHCP 地址池，并在路由器上配置 DHCP 中继。

Pool Name	vlan10			
Default Gateway	192.168.1.254			
DNS Server	192.168.3.1			
Start IP Address :		192	168	1	1
Subnet Mask:		255	255	255	0
Maximum number of Users :	20			
TFTP Server:	0.0.0.0			

图 19-2　vlan10 地址池

Pool Name	vlan20			
Default Gateway	192.168.2.254			
DNS Server	192.168.3.1			
Start IP Address :		192	168	2	1
Subnet Mask:		255	255	255	0
Maximum number of Users :	20			
TFTP Server:	0.0.0.0			

图 19-3　vlan20 地址池

Router(config)#int f0/0.1
Router(config-subif)#ip helper-address 192.168.3.1 ⎱在内部路由器上配置
Router(config-subif)#int f0/0.2 ⎰DHCP 中继
Router(config-subif)#ip helper-address 192.168.3.1

IP Configuration

IP Configuration
◉ DHCP　○ Static

IP Address	192.168.1.1
Subnet Mask	255.255.255.0
Default Gateway	192.168.1.254
DNS Server	192.168.3.1

图 19-4　终端 DHCP 服务验证

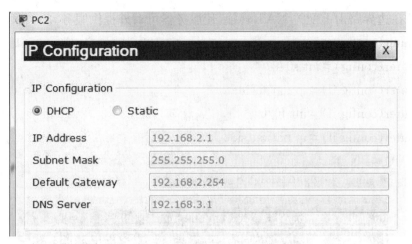

图 19-5 终端 DHCP 服务验证

(6)在服务器上配置 DNS 服务。

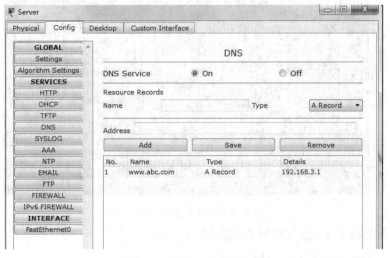

图 19-6 创建 DNS 解析记录

图 19-7 使用域名访问 web 服务

(7)在边界路由上配置 NAT 转换,使服务器可对外提供服务。

Router(config)♯ip nat inside source static 192.168.3.1 210.207.1.100

Router(config)♯int s0/3/0

Router(config-if)♯ip nat inside

Router(config-if)♯int f0/0

Router(config-if)♯ip nat outside

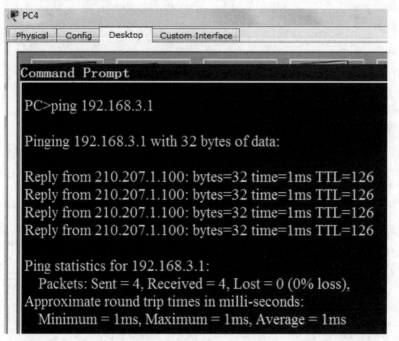

图 19-8　NAT 转换验证结果

(8)在交换机上配置设备的远程访问。

Switch(config)♯host ABC

ABC(config)♯enable password 123

ABC(config)♯int vlan1

ABC(config-if)♯ip address 192.168.4.1 255.255.255.0

ABC(config-if)♯no shut

ABC(config-if)♯ip default-gateway 192.168.4.254

ABC(config)♯line vty 0 4

ABC(config-line)♯login

ABC(config-line)♯password abc

4. 结果验证

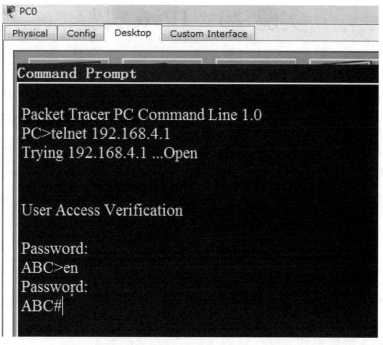

图 19-9　交换机远程访问验证结果图

19.3　实验思考

（1）请结合本校校园网实际，使用模拟器构建相应的拓扑，并配置相应的功能。

（2）实际调研一个企业的网络情况，结合企业的实际情况，设计一个企业网。

实验 20　IPv6 实验

20.1　实验目的

(1)了解 IPv6 的地址格式。

(2)掌握 Ipv6 地址在设备上的配置方法。

(3)掌握 IPv6 网络中静态路由、动态路由 RIP 协议和 OSPF 协议的配置方法。

20.2　实验内容

20.2.1　IPv6 基本知识介绍

1. IPv6 地址形式

IPv6 地址采用 128 位的地址空间,支持 3 种表示形式。

(1)标准形式。

由于 IPv6 地址多达 128 位,为了便于记忆,通常是用冒号分 16 进制法表示,即 X:X:X:X:X:X:X:X。例:fec0:ffe0:c512:4ab0:000a:aa12:0000:3cc3。

(2)压缩形式。

例:fec0::ff0c:0:0:e1c1 或 fec0:0:0:0:ff0c::e1c1。

(3)兼容 IPv4 的表示形式。

例:0:0:0:0:0:0:218.197.12.101 或::218.197.12.101。

2. IPv6 地址分类

IPv6 地址可分为单播地址、任播地址和多播地址 3 类。

(1)单播(Unicast)地址。

①链路本地地址。链路本地地址只在一条链路中有效,不能被路由。链路本地地址可以看作 IPv6 中的二层地址,与数据链路层地址作用相似。链路本地地址自动生成,有默认的特殊格式,是以 FE80::/10(1111 1110 10)打头,再加 54 个 0 和 EUI-64 来填充的。

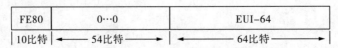

图 20-1　链路本地地址

②本地站点地址。本地站点地址是单播中一种受限制的地址,只在一个站点内使用,不会默认启用。IPv6 中的本地站点地址作用相当于 IPv4 中的私有地址。本地站点地址前缀为 FEC0::/10,其后的 54 比特用于子网 ID,最后 64 位用于主机 ID。

FEC0	子网ID	主机ID
10比特	◀——— 54比特 ———▶	◀——— 64比特 ———▶

图 20-2　本地站点地址

③可聚合全球地址。可聚合全球单播地址相当于 IPv4 的公网地址,可以在全网范围内正常路由。

ISP前缀	子网ID	主机ID
◀——— 48比特 ———▶	16比特	◀——— 64比特 ———▶

图 20-3　可聚合全球地址

④环回地址。IPv6 环回地址类似于 IPv4 地址 127.0.0.1,其作用在于测试本地设备的 TCP/IP 协议簇是否被正确安装,通过该地址发出的数据不会经过网络传输。IPv6 的环回地址全格式为:0000:0000:0000:0000:0000:0000:0000:0001,压缩格式为::1。

(2)任播(Anycast)地址。

目标地址是任播地址的数据包将发送给其路由意义上最近的一个网络接口。

(3)多播(Multicast)地址。

IPv6 多播地址相当于 IPv4 中的 224.0.0.0,前缀码为 FF0x::/8。

在 Cisco IOS 中实现 IPv6 静态路由与缺省路由的配置命令分别为:

①静态路由:ipv6 route 目的网络地址/前缀长度 {转发接口 [下一跳地址]}。

②缺省路由:ipv6 route ::0 {转发接口 [下一跳地址]}。

动态路由 RIPng 和 OSPFv3 的配置命令分别为:

RIPng 协议的配置命令:

ipv6 unicast-routing	//启用 IPv6 单播路由
R2(config)♯ipv6 router rip 进程名	//启用 IPv6 RIPng 进程
ipv6 rip 进程名 enable	//在直连接口上启用 RIPng

OSPFv3 协议的配置命令:

iPv6 unicast-routing	//启用 IPv6 单播路由
iPv6 router ospf 进程号	//启用 IPv6 RIPng 进程
Router-ID 路由器 ID	//配置路由器 ID
ipv6 ospf 进程号 area 区域号	//在直连接口上启用 OSPFv3

20.2.2　实验任务

配置 IPv6 协议实现网络的互通。

20.2.3　实验步骤

1. 创建实验网络拓扑

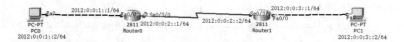

图 20-4　实验网络拓扑图

2. 配置路由器接口 IP 地址

（1）Router0 路由器接口 IP 地址配置。

Router＞en

Router＃conf t

Router(config)＃ipv6 unicast-routing　//启用 IPv6 协议

Router(config)＃int fa0/0

Router(config-if)＃no shut

Router(config-if)＃ipv6 address 2012：0：0：1：：1/64

//在接口 fa0/0 上配置 IPv6 地址

Router(config-if)＃int se0/3/0

Router(config-if)＃no shut

Router(config-if)＃clock rate 64000

Router(config-if)＃ipv6 address 2012：0：0：2：：1/64

//在接口 se0/3/0 上配置 IPv6 地址

Router(config-if)＃exit

Router(config)＃

（2）Router1 路由器接口 IP 地址配置。

Router＞en

Router＃conf t

Router(config)＃ipv6 unicast-routing　//启用 IPv6 协议

Router(config)＃int se0/3/0

Router(config-if)＃no shut

Router(config-if)＃ipv6 address 2012：0：0：2：：2/64

//在接口 se0/3/0 上配置 IPv6 地址

Router(config-if)＃int fa0/0

Router(config-if)＃no shut

Router(config-if)＃ipv6 address 2012：0：0：3：：1/64

//在接口 fa0/0 上配置 IPv6 地址

Router(config-if)♯exit

Router(config)♯

3. 配置路由(静态路由、RIP 协议、OSPF 协议三者选其一配置)

(1)静态路由配置。

①Router0 路由器 静态路由。

Router(config)♯ipv6 route 2012:0:0:3::/64 2012:0:0:2::2   //配置静态路由

②Router1 路由器 静态路由。

Router(config)♯ipv6 route 2012:0:0:1::/64 2012:0:0:2::1

//配置静态路由

(2)RIP 协议配置。

①Router0 路由器 RIP 协议。

Router(config)♯ipv6 router rip abc

Router(config-rtr)♯int fa0/0

Router(config-if)♯ipv6 rip abc enable

Router(config-if)♯int se0/3/0

Router(config-if)♯ipv6 rip abc enable

②Router1 路由器 RIP 协议。

Router(config)♯ipv6 router rip abc

Router(config-rtr)♯int fa0/0

Router(config-if)♯ipv6 rip abc enable

Router(config-if)♯int se0/3/0

Router(config-if)♯ipv6 rip abc enable

(3)OSPF 协议配置。

①Router0 路由器 OSPF 协议。

Router(config)♯ipv6 router ospf 1

Router(config-rtr)♯router-id 1.1.1.1

Router(config-rtr)♯int fa0/0

Router(config-if)♯ipv6 ospf 1 area 0

Router(config-if)♯int se0/3/0

Router(config-if)♯ipv6 ospf 1 area 0

②Router1 路由器 OSPF 协议。

Router(config)♯ipv6 router ospf 1

Router(config-rtr)♯router-id 2.2.2.2

Router(config-if)♯int fa0/0

Router(config-if)#ipv6 ospf 1 area 0

Router(config-if)#int se0/3/0

Router(config-if)#ipv6 ospf 1 area 0

4. 连通性测试

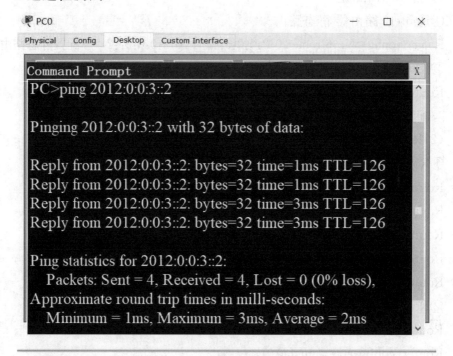

图 20-5   连通性测试结果

20.3   实验思考

(1)配置 IPv6 与配置 IPv4 协议的网络有哪些不同?

(2)配置 IPV6 时需要注意什么?

(3)自行设计一个规模稍大的 IPv6 网络,并配置完整。

实验 21　虚拟机的安装与设置

21.1　实验目的

(1)学习掌握虚拟机软件的使用方法。

(2)掌握在现有物理主机系统中,利用虚拟机软件虚拟一台主机,并在该主机上安装操作系统。

21.2　实验内容

21.2.1　实验任务

安装与设置虚拟机。

21.2.2　实验准备

一台 PC 主机,一个 VMware 虚拟机软件,一份 Windows Server 2003 系统镜像。

21.2.3　实验步骤

打开物理主机,把 VMware 虚拟机软件和 Windows Server 2003 系统镜像文件拷贝到主机上。

第 1 步:双击 VMware 安装,点击 Next(下一步)。

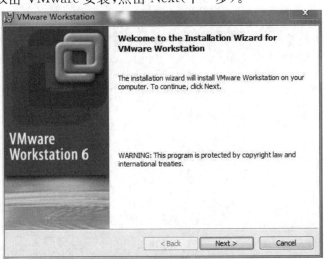

图 21-1　VMware 安装界面

第 2 步：选择安装类型，这里可选择 Typical（典型安装）。

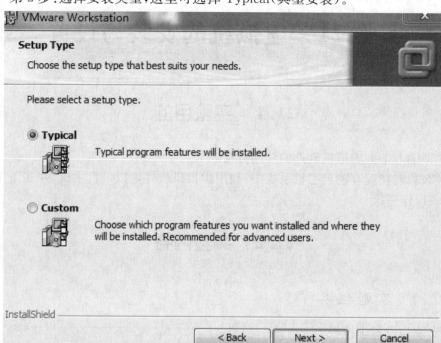

图 21-2　选择安装类型

第 3 步：选择安装路径，根据主机的实际情况点击 Change...按钮选择安装路径，然后点击 Next 按钮。

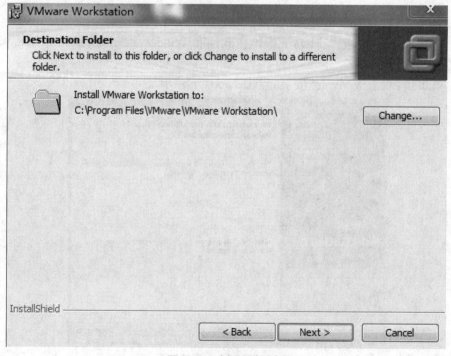

图 21-3　选择安装路径

第 4 步：开始安装，点击 Install 按钮。

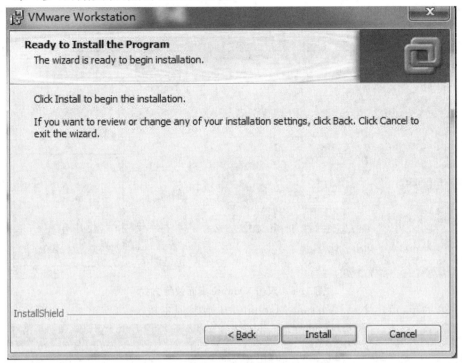

图 21-4　开始安装

第 5 步：点击 Finish 按钮，完成安装。

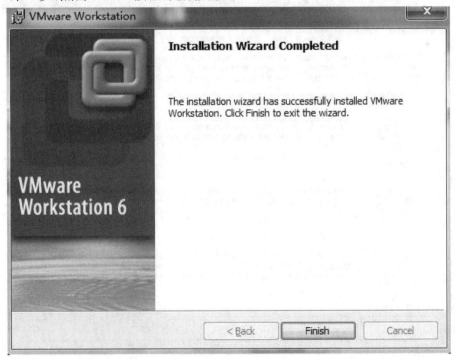

图 21-5　完成安装

第 6 步：安装完成后，在桌面上出现 VMware Workstation 图标，双击该图标，开始虚拟一台主机。

图 21-6　双击 VMware 桌面快捷方式

第 7 步：点击 New Virtual Machine，开始虚拟主机。

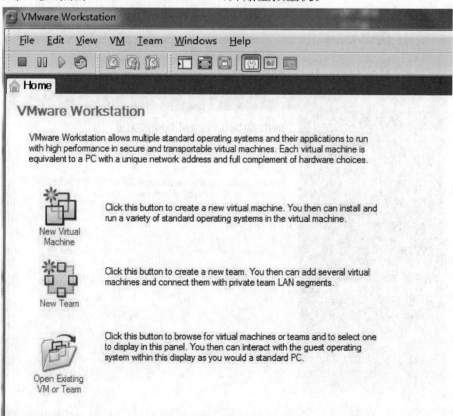

图 21-7　新建虚拟主机

第 8 步:点击下一步继续进行。

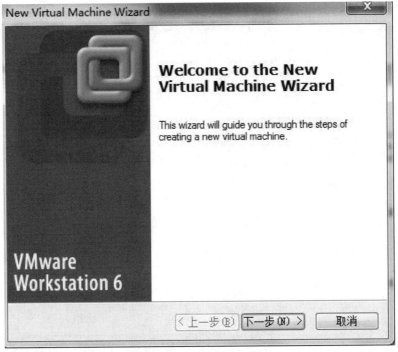

图 21-8　欢迎来到虚拟主机

第 9 步:选择虚拟主机配置类型,这里选择 Typical 类型,然后点击下一步,继续进行。

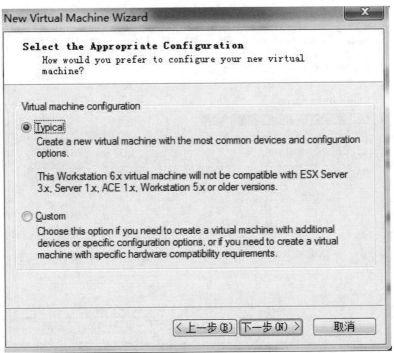

图 21-9　选择虚拟主机配置类型

第 10 步：从下拉列表中选择虚拟主机的操作系统，这里选择 Windows Server 2003 Enterprise Edition，然后点击下一步继续。

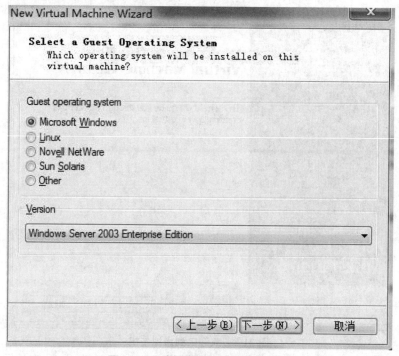

图 21-10　选择虚拟主机的操作系统

第 11 步：给虚拟主机命名，并选择安装位置，点击下一步继续。

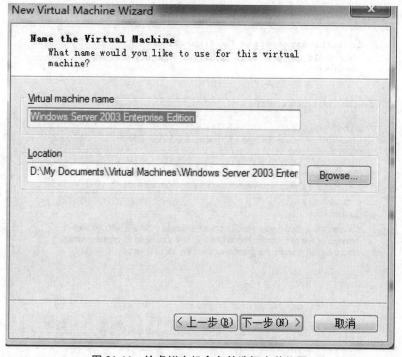

图 21-11　给虚拟主机命名并选择安装位置

第 12 步：选择网络连接类型，可选择任一种类型，后期可更改，这里选择 Use bridged networking(桥接)，然后点击下一步继续。

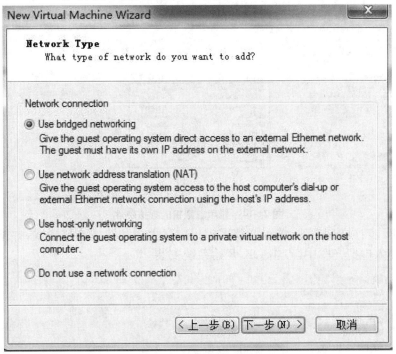

图 21-12 选择网络类型

第 13 步：设置虚拟机硬盘大小，可根据物理主机实际状况来设置虚拟机硬盘大小，这里设置 10 GB，点击完成按钮。

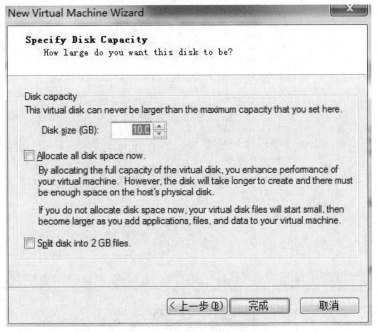

图 21-13 设置虚拟机硬盘大小

第 14 步:虚拟机创建好后,会显示该虚拟机的所有虚拟硬件,如图 21-14 所示。

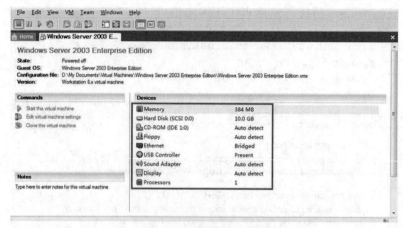

图 21-14   显示虚拟机的虚拟硬件

第 15 步:可根据实际情况调整虚拟机内存大小和网络连接形式,并把系统镜像文件导入虚拟光驱中,点击 OK 开始系统安装。

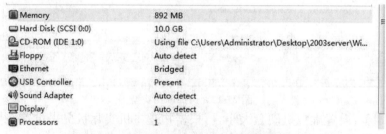

图 21-15   调整虚拟机内存大小和网络连接形式

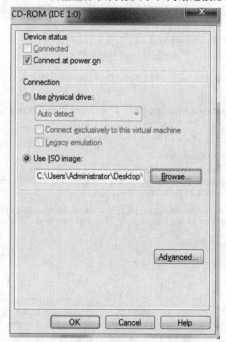

图 21-16   将系统镜像文件导入虚拟光驱

第 16 步：鼠标切换到虚拟机系统，按键盘上的 Enter 键。

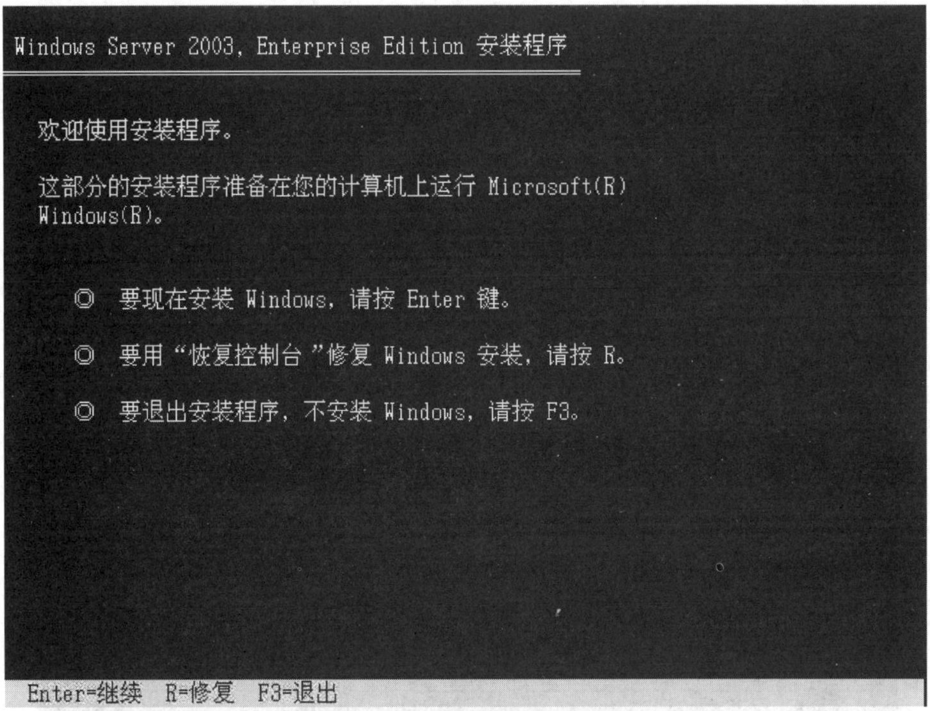

```
Windows Server 2003, Enterprise Edition 安装程序


  欢迎使用安装程序。

  这部分的安装程序准备在您的计算机上运行 Microsoft(R)
  Windows(R)。


    ◎   要现在安装 Windows，请按 Enter 键。

    ◎   要用 "恢复控制台 "修复 Windows 安装，请按 R。

    ◎   要退出安装程序，不安装 Windows，请按 F3。








 Enter=继续   R=修复   F3=退出
```

图 21-17　切换到虚拟机系统

第 17 步：使用光标选中磁盘空间，按 C 键进行磁盘分区。

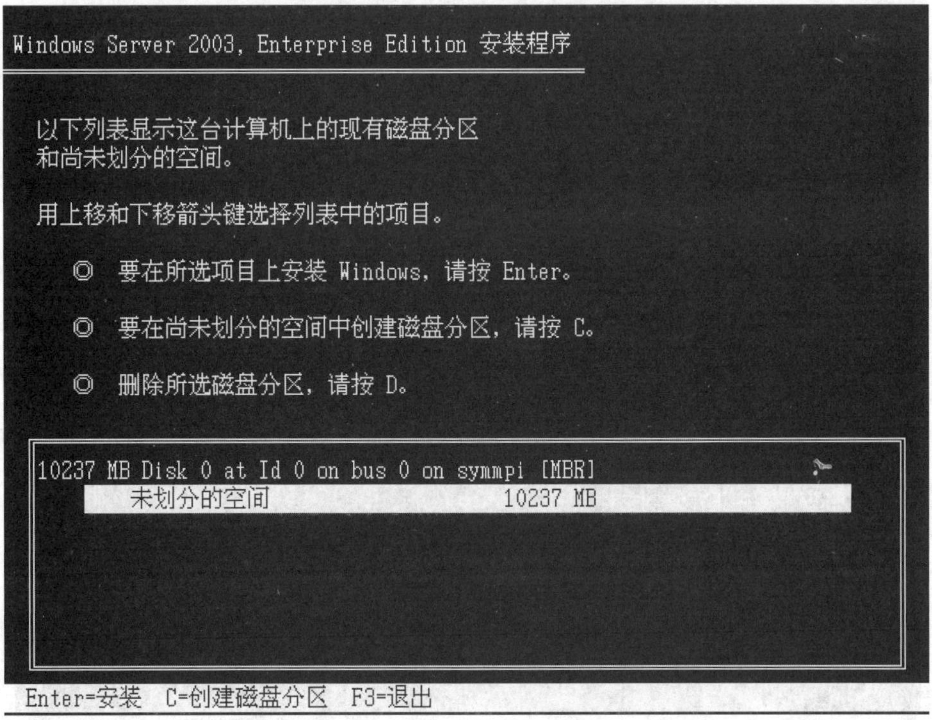

```
Windows Server 2003, Enterprise Edition 安装程序


  以下列表显示这台计算机上的现有磁盘分区
  和尚未划分的空间。

  用上移和下移箭头键选择列表中的项目。

    ◎   要在所选项目上安装 Windows，请按 Enter。

    ◎   要在尚未划分的空间中创建磁盘分区，请按 C。

    ◎   删除所选磁盘分区，请按 D。


 ┌──────────────────────────────────────────────────────┐
 │10237 MB Disk 0 at Id 0 on bus 0 on symmpi [MBR]       │
 │     未划分的空间                      10237 MB          │
 │                                                        │
 └──────────────────────────────────────────────────────┘

 Enter=安装   C=创建磁盘分区   F3=退出
```

图 21-18　对 C 盘进行分区

第 18 步:选择分区之后的其中一个磁盘分区作为系统磁盘的分区,按 Enter
键,进入格式化磁盘,选择格式化方式,这里选择"用 NTFS 文件系统格式化磁盘
分区(快)",按 Enter 键,开始格式化。

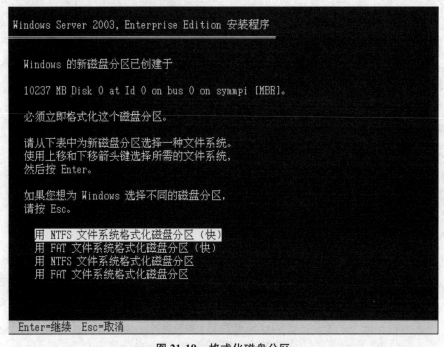

图 21-19   格式化磁盘分区

第 19 步:格式化磁盘分区后,开始复制文件。

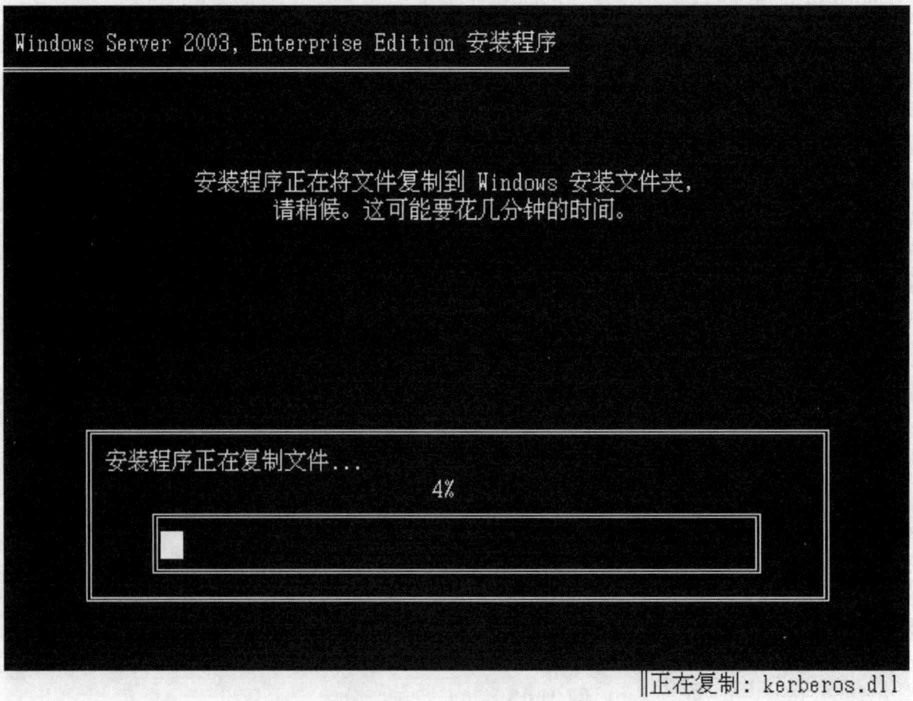

图 21-20   复制安装文件

第 20 步:安装文件复制完毕后,系统重启。

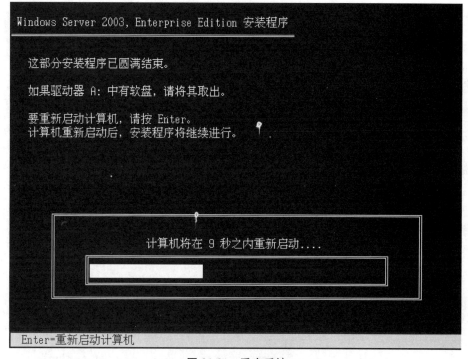

图 21-21 重启系统

第 21 步:系统重启后,进入图形化安装模式。

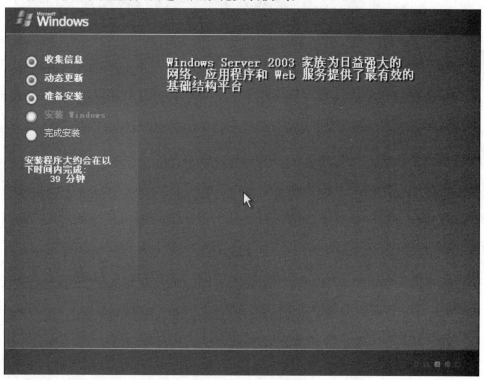

图 21-22 图形化安装模式

第 22 步:输入系统产品密钥,点击下一步按钮。

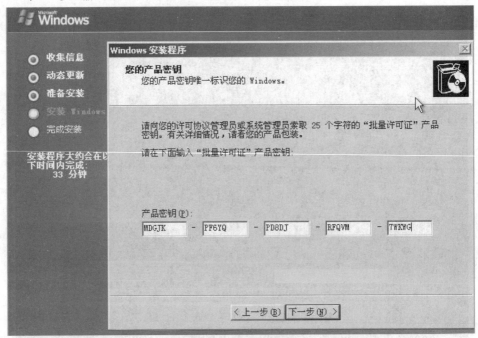

图 21-23　输入系统产品密钥

第 23 步:给计算机命名并设置管理员密码,点击下一步继续安装。

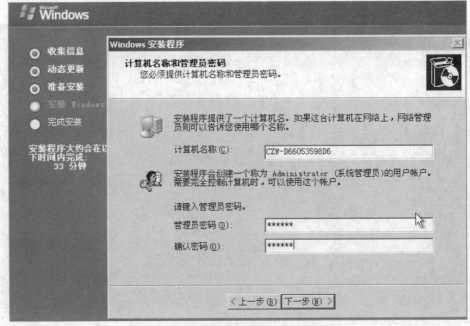

图 21-24　给计算机命名并设置管理员密码

第 24 步：系统继续安装，直至安装完成。

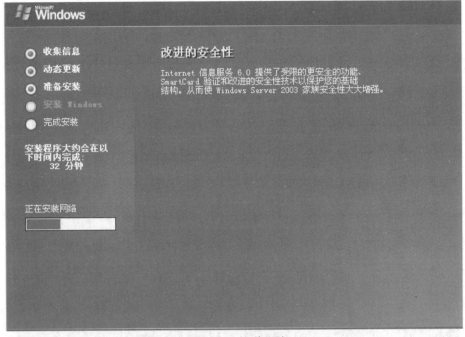

图 21-25 安装系统

第 25 步：系统安装完成后，重启。

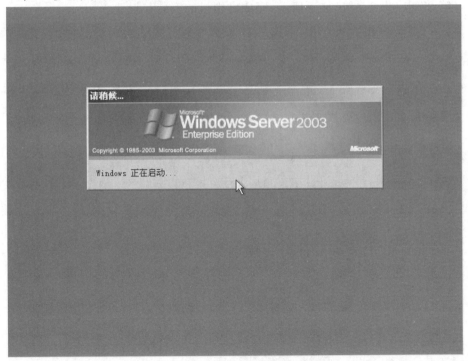

图 21-26 重启操作系统

第 26 步：输入管理员用户名和密码。

图 21-27　输入管理员用户名和密码

第 27 步：进入系统，如下所示，完成虚拟机的安装与设置。

图 21-28　进入系统

21.3　实验思考

（1）在虚拟机安装之前，需要检查的事项是什么？

（2）在使用 VMware 虚拟主机时，需要注意什么？

（3）请使用 VMware 软件，自己下载 Windows7 镜像，虚拟一个 Windows7 系统。

实验 22　网络服务的配置
（WWW、FTP、DNS）

22.1　实验目的

(1)掌握 Windows Server 服务器的基本配置。

(2)理解 WWW、FTP、DNS 三种服务的工作原理。

(3)掌握 WWW、FTP、DNS 三种服务在 Windows Server 服务器上的配置。

22.2　实验内容

22.2.1　知识背景

1. WWW 服务

WWW 服务是目前应用最广的一种基本互联网应用,我们每天上网都要用到它。有了 WWW 服务,只要用鼠标进行本地操作,就可以到达世界上的任何地方。由于 WWW 服务使用的是超文本链接(HTML),因此用户可以很方便地从一个信息页转换到另一个信息页,不仅可以查看文字,而且可以欣赏图片、音乐、动画等。最流行的 WWW 服务程序就是微软的 IE 浏览器。

WWW 服务的主要特点是:

(1)WWW 服务以超文本形式组织网络多媒体信息。

(2)WWW 服务使用户可以在世界范围内查找、检索、浏览及添加信息。

(3)WWW 服务提供生动直观、易于使用且统一的图形用户界面。

(4)WWW 服务服务器之间可以互相链接。

(5)WWW 服务使用户可以访问图像、声音、影像和文本型信息。

WWW 服务采用的技术包括:超文本传输协议(Hypertext Transfer Protocol,HTTP)与超文本标记语言(Hypertext Markup Language,HTML)。其中,HTTP 是 WWW 服务使用的应用层协议,用于实现 WWW 客户机与 WWW 服务器之间的通信;HTML 是 WWW 服务的信息组织形式,用于定义在 WWW 服务器中存储的信息格式。

2. FTP 服务

与大多数 Internet 服务一样,FTP 也是一个客户机/服务器系统。用户通过一个支持FTP协议的客户机程序，连接到远程主机上的FTP服务器程序。用户通过客户机程序向服务器程序发出命令，服务器程序执行用户所发出的命令，并将执行的结果返回到客户机。比如，用户发出一条命令，要求服务器向用户传送某个文件的拷贝，服务器会响应这条命令，将指定文件传送至用户的机器上。客户机程序代表用户接收到这个文件，将其存放在用户目录中。

3. DNS服务

域名系统（Domain Name System，DNS）是互联网的一项服务。它作为将域名和IP地址相互映射的一个分布式数据库，能够使人更方便地访问互联网。DNS使用TCP和UDP端口53。当前，对于每一级域名长度的限制是63个字符，域名总长度则不能超过253个字符。

DNS的主要功能是实现域名与映射IP的解析。

DNS的结构为树形层次结构。树根domain称为根域；第一级域名如.com、.edu、.gov、.net、.org、.us、.cn等；第二级、第三级及其子域域名可根据实际需要设定并申请。

22.2.2　实验环境

在Windows 7操作系统中，使用VMware Workstation虚拟机软件虚拟一台Windows Server 2003 Enterprise Edition的服务器，建立如图22-1所示的网络拓扑。

客户端　　　　　　　　　　　服务器
实体机Windows 7　　　　虚拟机Windows Server 2003

图22-1　实验网络拓扑图

在上述网络拓扑中，实体机Windows 7作为客户端，虚拟机Windows Server 2003作为服务器。

22.2.3　实验准备

第1步：调整虚拟机Windows Server 2003的联网方式为Custom，如图22-2所示。

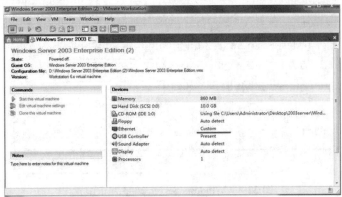

图22-2　调整虚拟机联网方式

第2步:在 Windows Server 2003 中打开命令窗口,输入 ipconfig /all 查看 IP 配置信息,如图 22-3 所示。

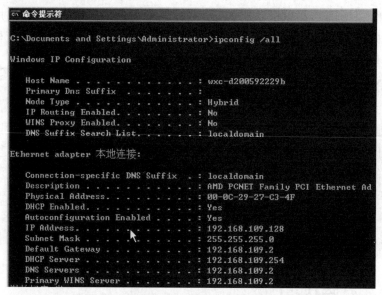

图 22-3   Windows Server 2003 IP 配置信息

第3步:将第2步中查看到的 IP 配置信息以静态的形式配置给 Windows Server 2003 的网卡,如图 22-4 所示。

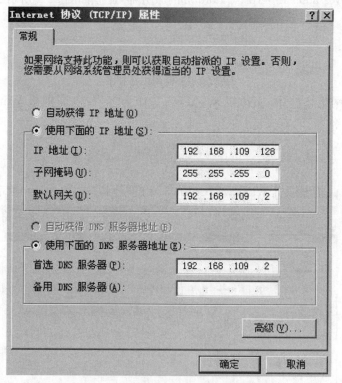

图 22-4   Windows Server 2003 网卡配置

第4步：进行客户端和服务器连通性测试，打开实体机 Windows 7 中的命令窗口，使用 ping 命令测试客户端和 Windows Server 2003 服务器的连通性，如图22-5 所示。

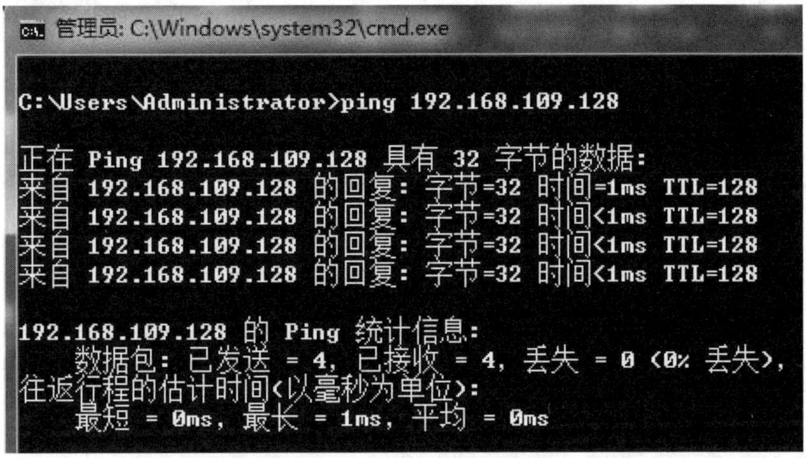

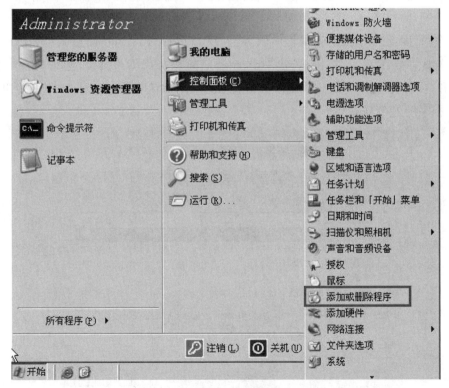

图 22-5　客户端和服务器连通性测试

第5步：点击"开始"—"控制面板"—"添加或删除程序"，在服务器上安装 IIS 和 DNS 组件。如图 22-6 所示。

图 22-6　添加组件

第 6 步：点击"添加/删除 Windows 组件（A）"，打开"Windows 组件向导"窗口，选择"应用程序服务器"，点击"详细信息（D）..."按钮，如图 22-7 所示。

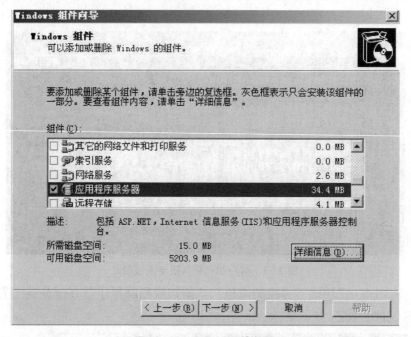

图 22-7　Windows 组件向导

第 7 步：在弹出的"应用程序服务器"窗口选择"Internet 信息服务（IIS）"，点击"详细信息（D）..."按钮，弹出"Internet 信息服务（IIS）"窗口，选中"万维网服务"和"文件传输协议（FTP）服务"（其他服务采用默认状态），点击"确定"按钮，如图 22-8、图 22-9 所示。

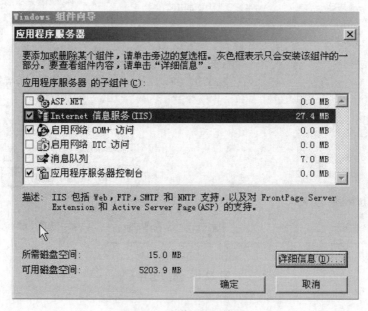

图 22-8　安装 IIS 组件(a)

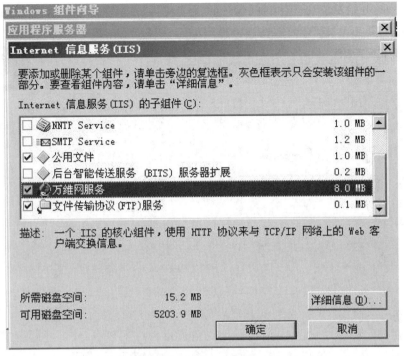

图 22-9 安装 IIS 组件(b)

第 8 步：在图 22-10 所示的 Windows 组件向导窗口选择"网络服务"，点击"下一步"，安装 DNS 等网络服务组件，如图 22-10 所示。

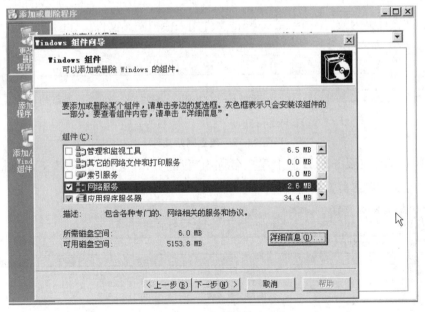

图 22-10 安装网络服务组件

第9步:开始安装 IIS 组件和 DNS 网络服务组件,直至安装完成,如图 22-11 所示。

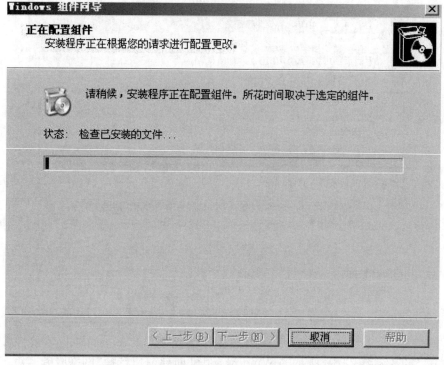

图 22-11   组件安装

第10步:在服务器 E 盘中建立一个文件夹,这里建立一个名称为"我的网站"的文件夹。在文件夹内放置一个 index.html 文件用来模拟网站文件。如图22-12所示。

图 22-12   建立网站文件

第11步:在服务器 E 盘上建立名称为"我的 FTP 文件"的文件夹,如图 22-13 所示。至此,完成实验准备。

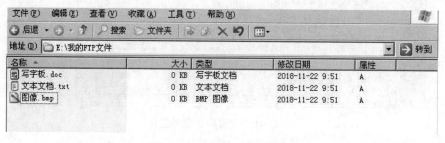

图 22-13   建立 FTP 文件夹

22.2.4 实验任务 1：配置 WWW 服务

第 1 步：在开始－管理工具中打开 IIS 组件，如图 22-14 所示。

图 22-14 在管理工具中打开 IIS 组件

第 2 步：在图 22-14 所示的"Internet 信息服务（IIS）服务器"窗口"Internet 信息服务"下拉列表中的"网站"下的"默认网站"中，右击选择"属性"，打开"默认网站 属性"窗口，在"网站"选项卡中设置 WWW 服务器的 IP 地址，如图 22-15 所示。

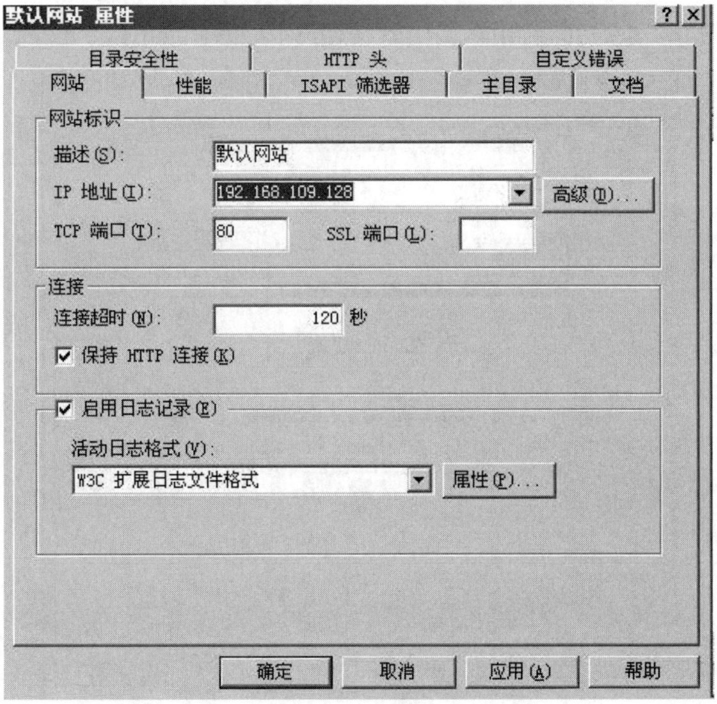

图 22-15 默认网站属性中网站选项卡的设置

第3步:在"默认网站 属性"窗口选择"主目录"选项卡,点击"浏览"按钮,选中网站文件所在的目录"E:\我的网站",如图22-16所示。

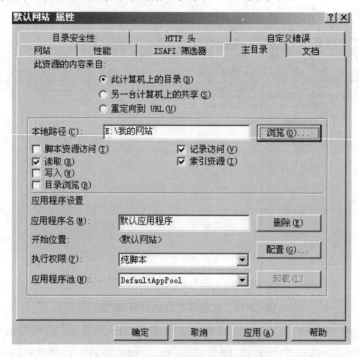

图22-16　主目录选项卡的设置

第4步:在"默认网站 属性"窗口选择"文档"选项卡,把网站文件中的首页文件名index.html添加到"启用默认内容文档"列表框中,如图22-17所示。

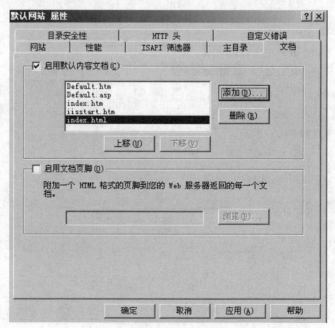

图22-17　文档列表框设置

第 5 步：在客户端 Windows 7 中打开浏览器，在浏览器地址栏中输入：HTTP://192.168.109.128，按 Enter 键。如果能够打开服务器中的网站首页，则说明 WWW 服务配置成功，如图 22-18 所示。

图 22-18　客户端访问 WWW 成功

22.2.5　实验任务 2：配置 FTP 服务

第 1 步：打开"计算机管理"中的"本地用户和组"中的"用户"，右击选择"新建用户"，建立用户名为 abc，密码为 123 的一个账户，如图 22-19 所示。

图 22-19　在服务器上创建一个本地账户

第 2 步：在图 22-14 所示 IIS 窗口，右击选择"默认 FTP 站点的属性"，在"FTP 站点"选项卡中设置 FTP 服务器的 IP 地址，如图 22-20 所示。

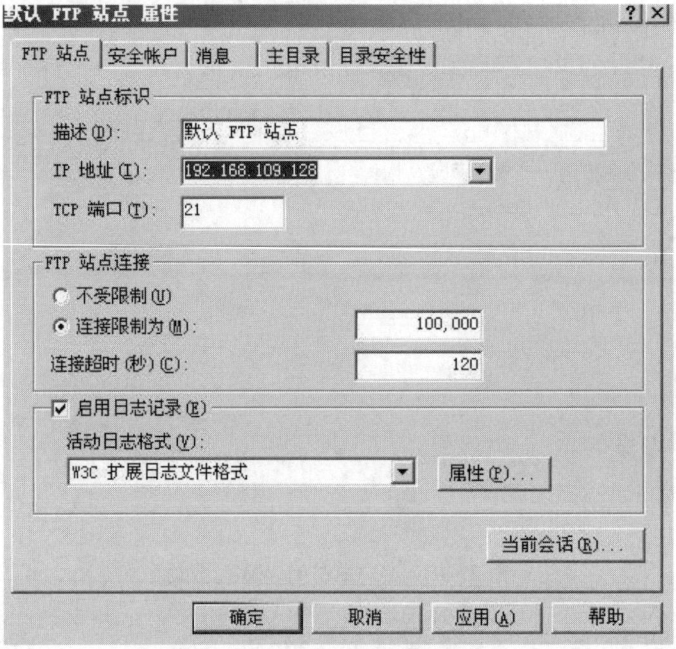

图 22-20 FTP 站点选项卡的设置

第 3 步：在"主目录"选项卡中设置"FTP 站点"目录，并结合实际情况给客户配置读取或写入权限，如图 22-21 所示。

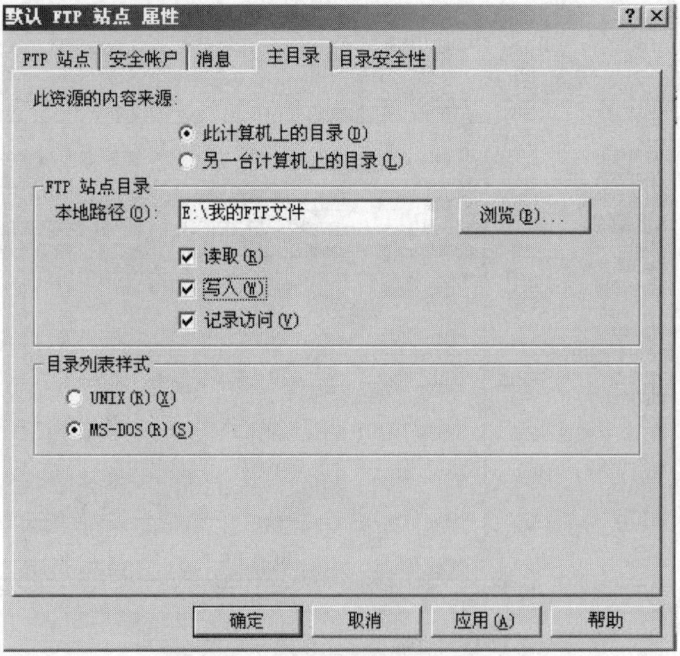

图 22-21 主目录选项卡的设置

第4步：选择"安全账户"选项卡，点击"浏览"按钮，弹出"选择用户"对话框，点击"高级"－"立即查找"，在查找出的账户中选择新建的账户 abc，点击"确定"按钮，在密码框中输入 abc 用户的密码，如图 22-22～22-25 所示。

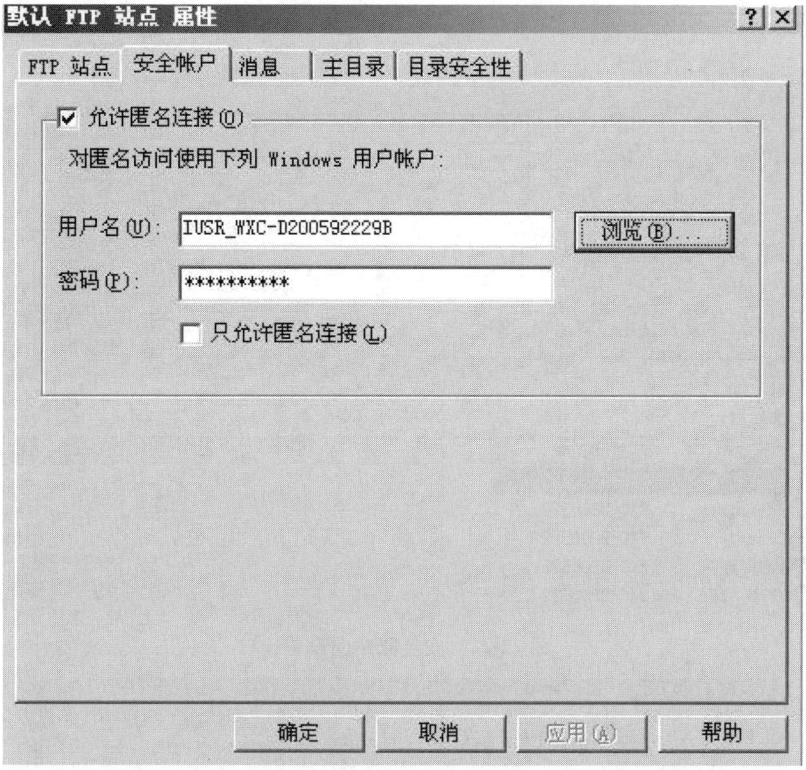

图 22-22　安全账户的设置(a)

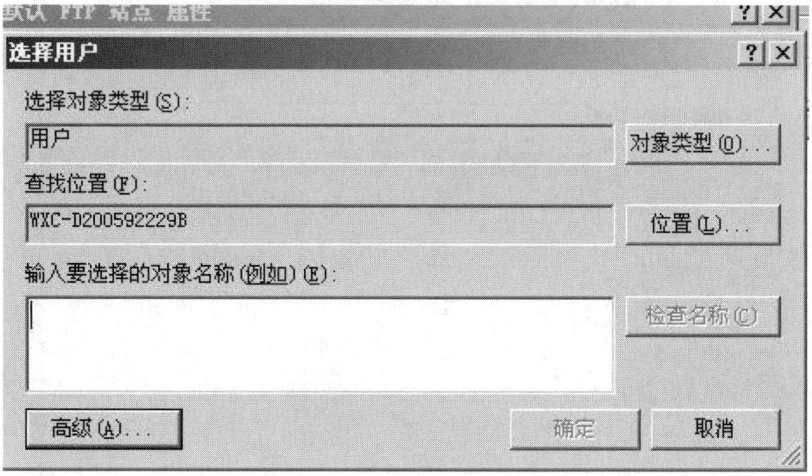

图 22-23　安全账户的设置(b)

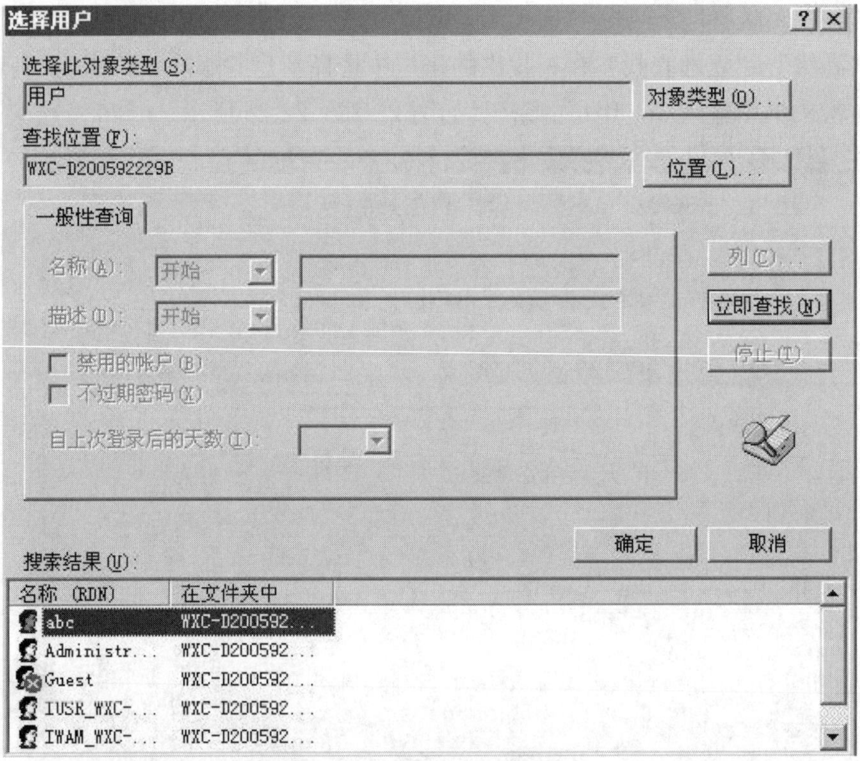

图 22-24 安全账户的设置(c)

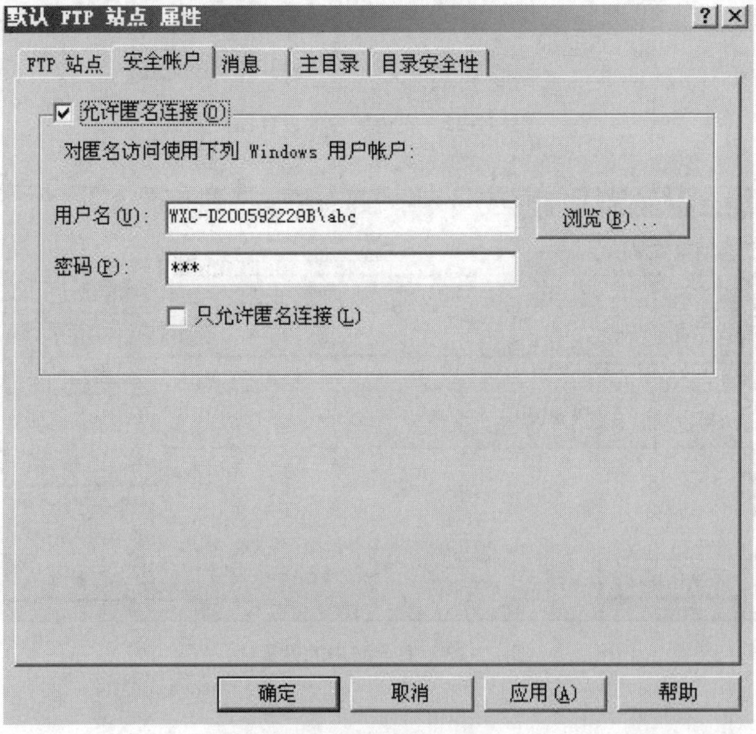

图 22-25 安全账户的设置(d)

第 5 步：把"允许匿名连接"选择框中的√去掉，如图 22-26 所示。

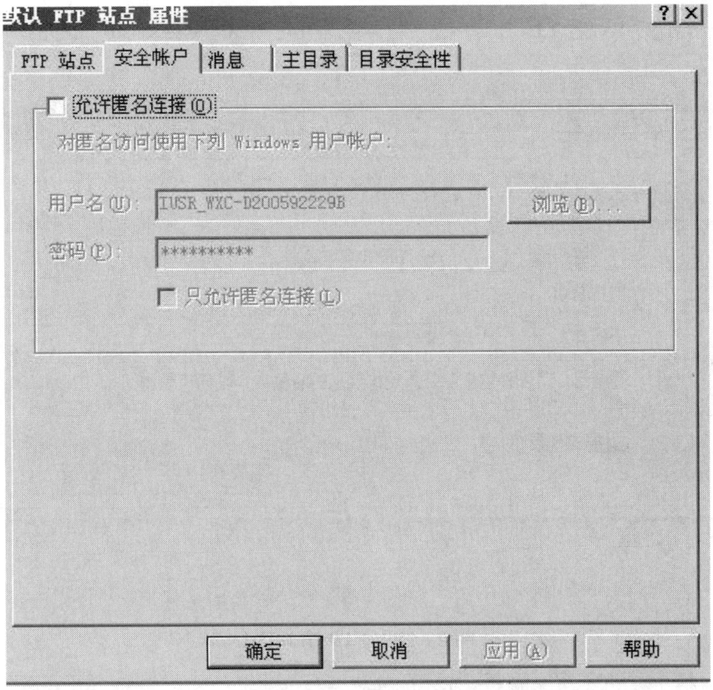

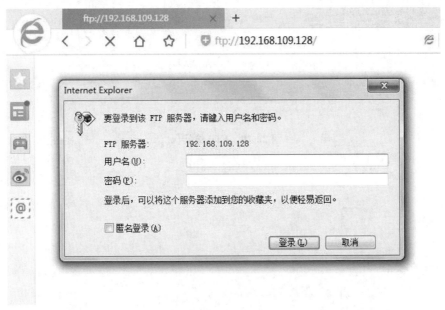

图 22-26　去掉"允许匿名连接"选择框中的√

第 6 步：在客户端 Windows 7 中打开浏览器，在浏览器地址栏中输入：FTP：//192.168.109.128，按 Enter 键，在弹出的对话框中输入用户名 abc 和密码 123，点击"登录"按钮。如果能够访问 FTP 资源，则说明 FTP 服务配置成功，如图 22-27～22-29 所示。

图 22-27　FTP 访问(a)

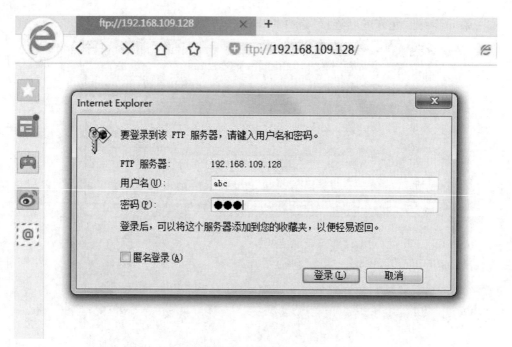

图 22-28 FTP 访问(b)

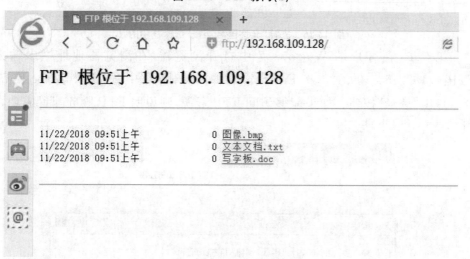

图 22-29 FTP 访问(c)

22.2.6 实验任务3：配置 DNS 服务

第1步：在管理工具中打开 DNS 组件，可看到 DNS 组件中有两个区域，分别是正向查找区域和反向查找区域，如图 22-30 所示。

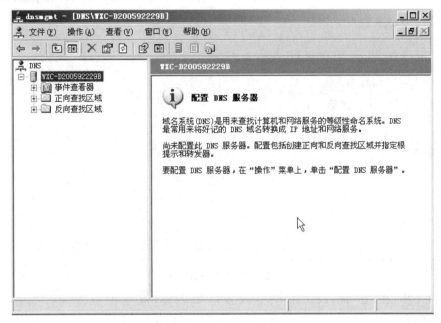

图 22-30 打开 DNS 组件

第2步：在正向查找区域中，按照域名的结构新建一个区域，打开"新建区域向导"，如图 22-31 所示。

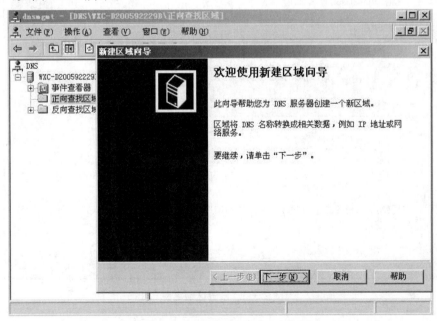

图 22-31 新建区域向导

第3步:在"区域类型"对话框选择区域类型为"主要区域",如图22-32所示。

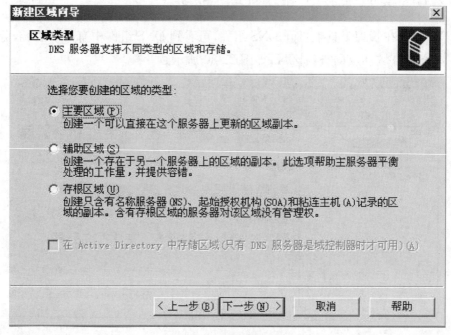

图 22-32 选择区域类型

第4步:在"区域名称"对话框设置区域名称,这里设置为 abc. com,如图
22-33 所示。

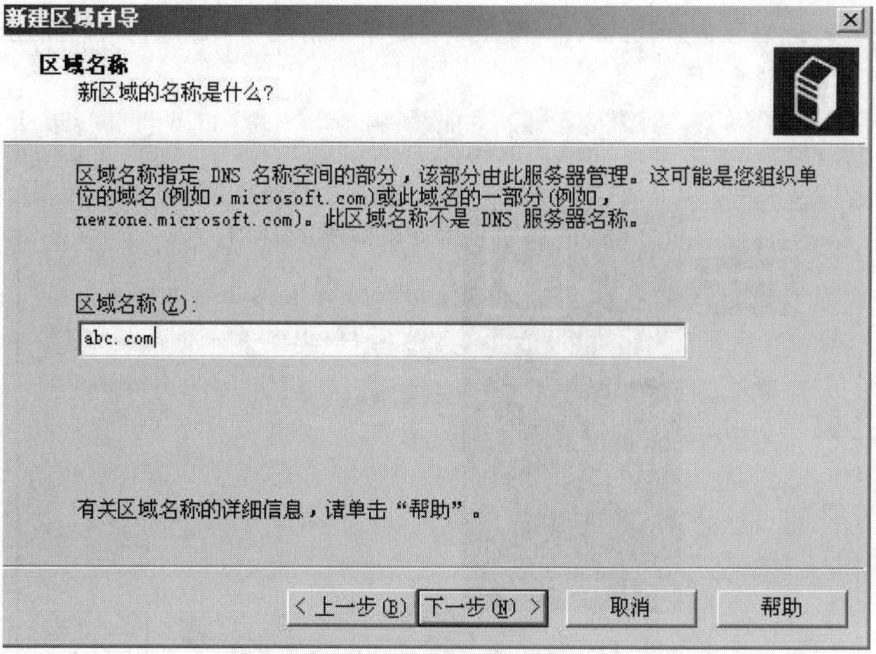

图 22-33 设置区域名称

第 5 步：区域创建成功，如图 22-34 所示。

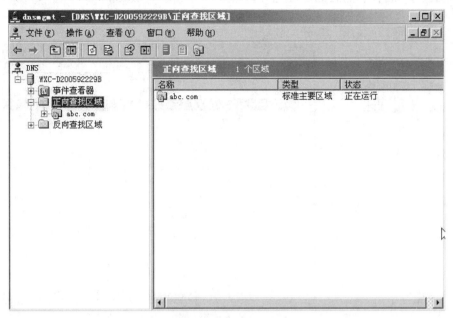

图 22-34　区域创建成功

第 6 步：在区域 abc.com 中，右击，新建一个名称为 www 的主机记录。这里对应服务器 IP 为 192.168.109.128，如图 22-35～22-36 所示。

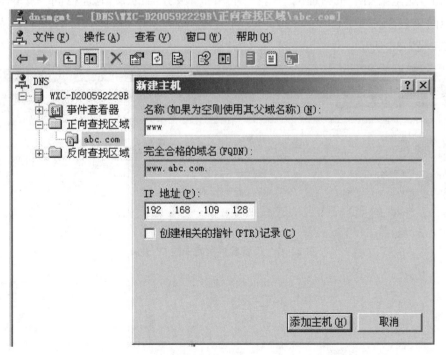

图 22-35　添加主机记录(a)

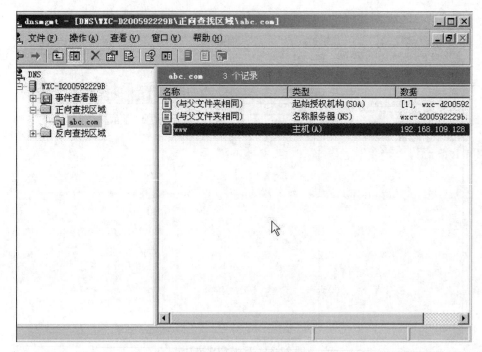

图 22-36 添加主机记录(b)

第 7 步：在客户机上找到网络连接，在网络连接上可看到所有的网卡（包括虚拟网卡，这里禁用本机物理网卡），找到一个和服务器的 IP 地址在同一个网段的虚拟网卡，把该网卡的 DNS 地址设置为服务器的 IP：192.168.106.128，如图 22-37～22-38 所示。

图 22-37 设置客户机网卡的 DNS(a)

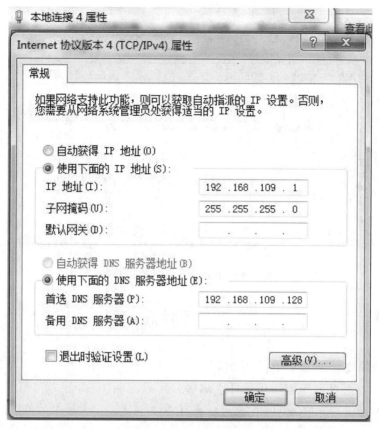

图 22-38 设置客户机网卡的 DNS(b)

第 8 步：在客户机上打开浏览器，在浏览器地址栏中输入 HTTP：//www. abc.com 可打开服务器中的 WWW 服务网站。在浏览器地址栏中输入 ftp:// www.abc.com 可打开服务器中的 FTP 服务，如图 22-39 和图 22-40 所示。

图 22-39 使用域名访问 WWW 服务

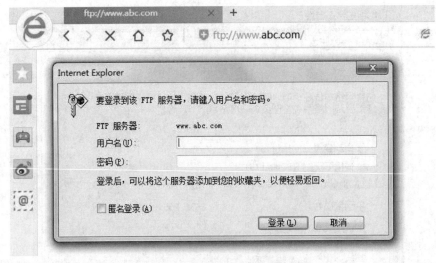

图 22-40　使用域名访问 FTP 服务

22.3　实验思考

(1)请简要介绍 DNS 的工作过程。

(2)FTP 服务器主要应用于什么场景?

(3)在配置 web 服务器时,需要注意什么?

实验 23　DHCP 实验

23.1　实验目的

(1)理解 DHCP 的工作原理和工作过程。

(2)掌握在路由器上配置 DHCP 服务的方法。

(3)掌握配置 DHCP 中继的配置方法。

23.2　实验内容

23.2.1　知识背景

DHCP 是 TCP/IP 协议簇中的一种，主要是用来给网络客户机分配动态的 IP 地址。这些被分配的 IP 地址都是 DHCP 服务器预先保留的一个由多个地址组成的地址集，并且它们一般是一段连续的地址。因此 DHCP 的最基本任务是向客户端提供 IP 地址。

1. DHCP 工作原理和工作过程

DHCP 的工作原理和工作过程如图 23-1 所示。

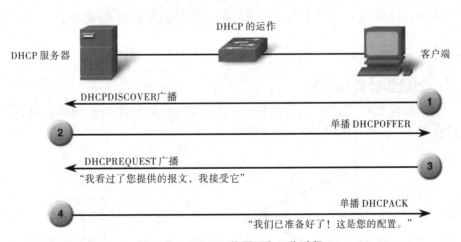

图 23-1　DHCP 工作原理和工作过程

(1)客户端广播 DHCPDISCOVER 消息。DHCPDISCOVER 消息找到网络上的 DHCP 服务器。客户端使用第 2 层和第 3 层广播地址与服务器通信。

(2) DHCP 服务器会找到一个可供租用的 IP 地址,创建一个包含请求方主机 MAC 地址和所出租的 IP 地址的 ARP 条目,并使用 DHCPOFFER 消息传送绑定提供报文。DHCPOFFER 消息作为单播发送,服务器的第 2 层 MAC 地址为源地址,客户端的第 2 层地址为目的地址。

（3）客户端的 DHCPREQUEST 消息要求在 IP 地址分配后检验其有效性。此消息提供错误检查,确保地址分配仍然有效。DHCPREQUEST 还用作发给选定服务器的绑定接受通知,并隐式拒绝其他服务器提供的绑定提供信息。DHCPREQUEST 消息以广播的形式发送,将绑定提供接受情况告知此 DHCP 服务器和任何其他 DHCP 服务器。

（4）收到 DHCPREQUEST 消息后,服务器检验租用信息,为客户端租用创建新的 ARP 条目,并用单播 DHCPACK 消息予以回复。

2. 路由器配置 DHCP 服务的步骤

① 定义 DHCP 在分配地址时的排除范围。这些地址通常是保留供路由器接口、交换机管理 IP 地址、服务器和本地网络打印机使用的静态地址。命令如下:

R(config)♯ip dhcp excluded-address low-address {high-address}

② 使用 ip dhcp pool 命令创建 DHCP 池。

使用 network 命令配置地址池。

使用 default-router 配置默认网关。

使用 dns-server 命令配置 DHCP 客户端可使用的 DNS 服务器 IP 地址。

3. DHCP 中继的配置方法

如果客户端和服务器未在一个网段,要将路由器配置成 DHCP 中继代理,就需要使用 ip helper-address 接口配置命令配置离客户端最近的接口。此命令把对关键服务的广播请求转发给所配置的地址。命令如下:

Router(config-if)♯ip helper-address DHCP 服务器的 IP 地址。

23.2.2　实验任务 1:路由器配置 DHCP 服务

1. 创建实验网络拓扑

创建如图 23-2 所示的网络拓扑图,通过配置该拓扑图使左侧的局域网可以从路由器 Router0 上动态获取 IP 配置信息。

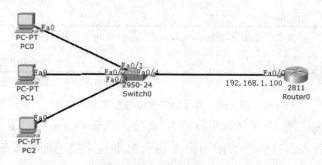

图 23-2　路由器配置 DHCP 服务实验网络拓扑图

2. 路由器的配置

Router＞en

Router#conf t

Router(config)#int f0/0

Router(config-if)#no shut

Router(config-if)#ip address 192.168.1.100 255.255.255.0

//配置 f0/0 接口地址作为局域网的网关

Router(config-if)#exit

Router(config)#ip dhcp excluded-address 192.168.1.100

//排除地址 192.168.1.100

Router(config)#ip dhcp pool abc　　　　//创建 DHCP 地址池，名称为 abc

Router(dhcp-config)#network 192.168.1.0 255.255.255.0

//配置地址池中的地址集

Router(dhcp-config)#default-router 192.168.1.100　　//配置局域网的网关地址

Router(dhcp-config)#dns-server 10.10.10.10　　//配置局域网的 DNS 地址

Router(dhcp-config)#end

3. 实验结果测试

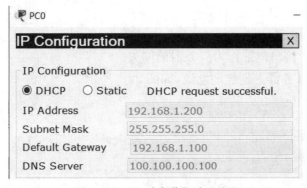

图 23-3　PC0 动态获取地址结果

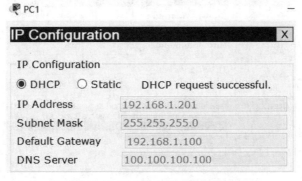

图 23-4　PC1 动态获取地址结果

23.2.3 实验任务 2：DHCP 中继实验

1.创建实验网络拓扑

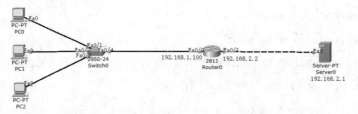

图 23-5　DHCP 中继实验网络拓扑图

2. 实验配置

第 1 步：配置网络的连通性

Router＞en

Router#conf t

Router(config)#int f0/0

Router(config-if)#no shut

Router(config-if)#ip address 192.168.1.100 255.255.255.0

//配置 f0/0 接口地址作为局域网的网关

Router(config)#int f0/1

Router(config-if)#no shut

Router(config-if)#ip address 192.168.2.2 255.255.255.0

//配置 f0/1 接口地址作为服务器的网关

第 2 步：在服务器上创建地址池，如图 23-6 所示。

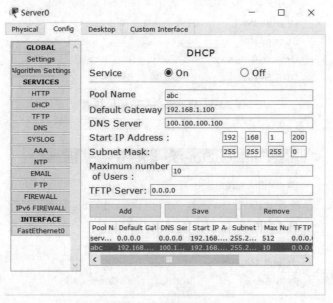

图 23-6　地址池的创建

第3步:在局域网网关接口上配置DHCP中继。

Router(config)♯int f0/0

Router(config-if)♯ip helper-address 192.168.2.1 //配置DHCP中继

3. 实验结果测试

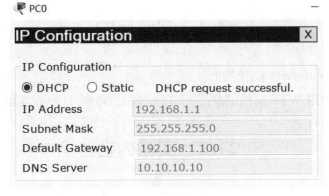

图 23-7　PC0 动态获取地址结果

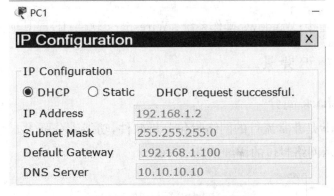

图 23-8　PC1 动态获取地址结果

23.3　实验思考

(1)在路由器上配置 DHCP 服务时需要注意什么?

(2)当一个网络中存在多个路由器时,在哪一个路由器上配置 DHCP 服务?

(3)DHCP 的工作流程是什么?

实验 24　TCP 协议分析

24.1　实验目的

(1)掌握 Wireshark 的使用方法.

(2)通过利用 Wireshark 抓包分析 TCP 报文,理解 TCP 报文的封装格式。

24.2　实验内容

24.2.1　实验环境

Internet 连接;Windows 操作系统;Wireshark 软件;IE 或其他浏览器。

24.2.2　知识背景

1. Wireshark 简介

Wireshark 是非常流行的网络封包分析软件,功能十分强大。可以截取各种网络封包,显示网络封包的详细信息。

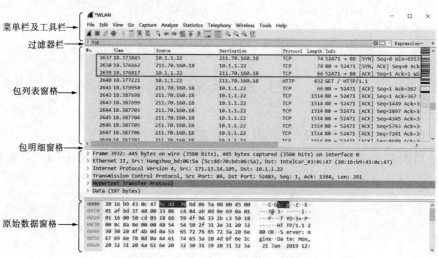

图 24-1　Wireshark 捕获分组界面

图 24-1 中,五大部分的主要功能如下:

(1)菜单栏及工具栏。工具栏提供菜单中常用项目的快速访问方式。

（2）过滤器栏。在该处填写符合 Wireshark 过滤规则的表达式，可对捕获的数据包进行过滤，只显示符合条件的数据包。

（3）包列表窗格。以表格的形式展示了捕获到的所有数据包，每一行对应一个数据包，又叫分组，每一列代表一个属性，分别为包的编号 No.、截获该包的时间 Time、包的源地址 Source、包的目的地址 Destination、包的协议缩写 Protocol、包的长度 Length、包内容的摘要 Info。

（4）包明细窗格。以五层协议的形式显示包列表窗格中被选中包的详细信息，包括包的各个协议层次的首部信息和数据信息，各层可展开或收缩，文本内容以 ASCII 码显示。

（5）原始数据窗格。在这个窗格的左右两侧，分别以十六进制和 ASCII 码两种格式显示包列表窗格中选定数据包的原始数据内容。当在包明细窗格中选定协议字段时，对应的原始数据会高亮显示。

2. TCP 数据包首部格式

TCP 提供面向连接的服务。在传送数据之前必须先建立连接，数据传送结束后要释放连接。TCP 的首部格式如图 24-2 所示。

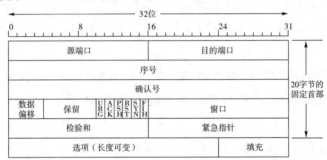

图 24-2　TCP 首部格式

24.2.3　实验任务

根据 TCP 的格式，利用 Wireshark 捕获一个真实 TCP 包，按照 TCP 格式进行分析。

24.2.4　实验步骤

（1）双击 Wireshark，打开 Wireshark 软件，如图 24-3 所示。

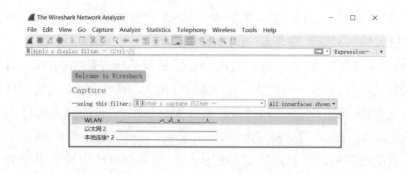

图 24-3　打开后的 Wireshark 界面

通过接口列表设置要捕获数据包的接口（网卡），双击选择有数据流经的网卡，如图 24-3 中的 WLAN 无线网卡，进入捕获分组界面，这样就可以捕获流经此网卡的所有分组。

第 2 步：打开浏览器，在浏览器地址栏中输入网址：www. wxc. edu. cn，敲回车键，可看到在 Wireshark 中捕获的数据包，如图 24-4 所示。

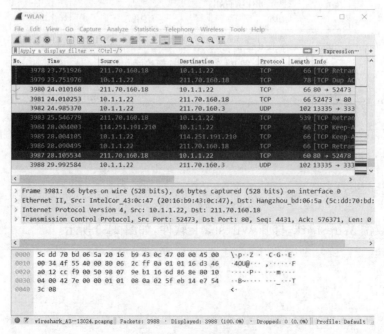

图 24-4　数据包捕获界面

第3步：点击停止捕获按钮，在过滤器中，设置数据包过滤规则，这里选择TCP协议，得到如图24-5所示结果。

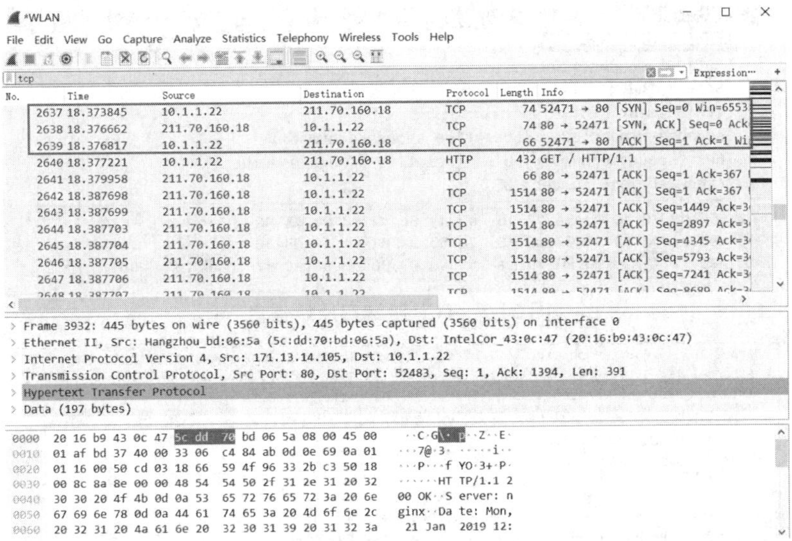

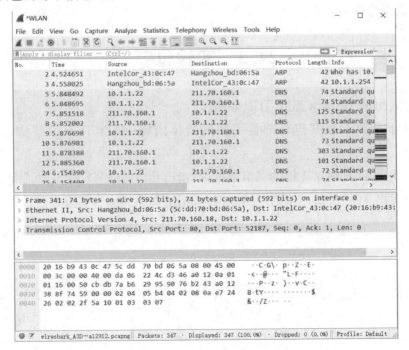

图 24-5　设置过滤规则 TCP 后的界面

在 HTTP 协议数据包之前，有三个 TCP 包，这三个 TCP 包即为 TCP 建立连接的三次握手。

第4步：鼠标点击包列表窗格中的握手中的第一个 TCP 包，在包明细窗格中，有该包的详细信息，如图 24-6 所示。

图 24-6　TCP 包的详细信息

第 5 步：在包明细窗格中，任意选中一个字段，在原始数据窗格中会有对应的高亮显示，如图 24-7 和图 24-8 所示。

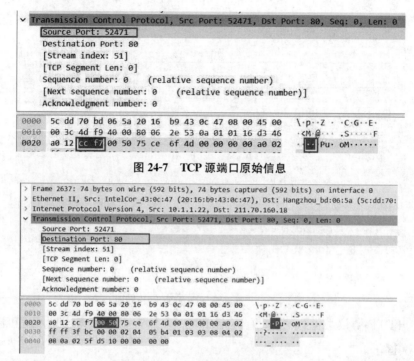

图 24-7　TCP 源端口原始信息

图 24-8　TCP 目的端口原始信息

通过这样选择，可找出各字段的原始数据值并通过这两个窗格内容对 TCP 数据包进行分析。

24.3　实验思考

(1)利用 Wireshark 抓获 TCP 数据包。

(2)分析 TCP 数据包首部各字段的具体内容，画出 TCP 段结构，填写其中内容。

(3)找出 TCP 建立连接的一组数据包，指出其中的序号和确认号变化。

(4)找出 TCP 关闭连接的一组数据包，指出其中的标志字段数值。

参考文献

［1］谢希仁.计算机网络(第 7 版)[M].北京:电子工业出版社,2017.

［2］戴有炜.Windows Server 2008 R2 安装与管理[M].北京:清华大学出版社,2011.

［3］Scott Empson,Cheryl Schmidt 著,思科公司译.思科网络技术学院教程:路由与交换基础[M].北京:人民邮电出版社,2014.

［4］林沛满.Wireshark 网络分析的艺术[M].北京:人民邮电出版社,2016.

［5］严体华,高悦,高振江.网络管理员教程(第 5 版)[M].北京:清华大学出版社,2018.

［6］郭雅.计算机网络实验指导书[M].北京:电子工业出版社,2012.

［7］陈康,王继锋.网络工程案例教程[M].北京:机械工业出版社,2016.